水産学シリーズ

155

日本水産学会監修

微生物の利用と制御

―食の安全から環境保全まで

藤井建夫・杉田治男・左子芳彦　編

2007・10

恒星社厚生閣

まえがき

水産微生物学またはそれに近い意味の水産細菌学という言葉が使われだしたのは，1945年前後のことである．すなわち，水産微生物学講座という名前の研究室が木俣正夫先生（京都大学）によって創設され（1947年），谷川英一先生（北海道大学）も『水産細菌学』というタイトルの本を1943年に出版されている（その後1960年に『水産微生物学』と改題）．当時はまだ冷蔵庫は普及しておらず，また食料難の時代でもあったことから，水産微生物研究の多くは食品の腐敗とその防止に関するものであったが，1949年に木俣先生が書かれた『食品保蔵学』の緒論では「食品の悪変を防止し，これを安全に保持すると共に更に吾人の嗜好に適し，しかも栄養豊富な食品となすことを目的とする学問を食品保蔵学という」と定義されており，本文中では，サルモネラ，ブドウ球菌，ボツリヌス菌，チフス菌，コレラ菌なども取り上げられていて，すでに「食品安全」も視野にあったことがうかがえる．またこれら食品関係の研究と並行して，漁網の腐朽や魚病など漁業，増養殖に関連した諸問題への対応として海洋細菌や魚病細菌などの研究が門田　元，坂井　稔両先生らを中心に開始されている．その後，社会的に水質汚濁や赤潮，海洋開発などへの関心が高まるにつれ，水産微生物研究の大勢は食品微生物から海洋（水圏）微生物へと移り，今日にいたっている．

ところで，水産学の対象とするフィールドを，海洋からの食糧生産という観点から模式的にまとめてみると図0·1のようになる．左側が資源生物とそれを取り巻く海洋環境を表し，右側が食糧とその受け手である人間（社会）を示している．中央の矢印は海の資源生物が漁獲，貯蔵，加工，流通などを経て，消費されるまでを示しており，近年HACCPとの関係で農場から食卓まで（From farm to table）といわれるフードチェーンにも相当する．

水産微生物の研究はこのように，研究対象は食品から増殖，環境というように多岐にわたるが，研究手法という点では対象が何であれ，基本的には共通している．そのため，海洋微生物の初期の研究は，食品微生物学から転じた専門家によってなされたものが多く見られる．低温貯蔵技術が普及し，基本的な研

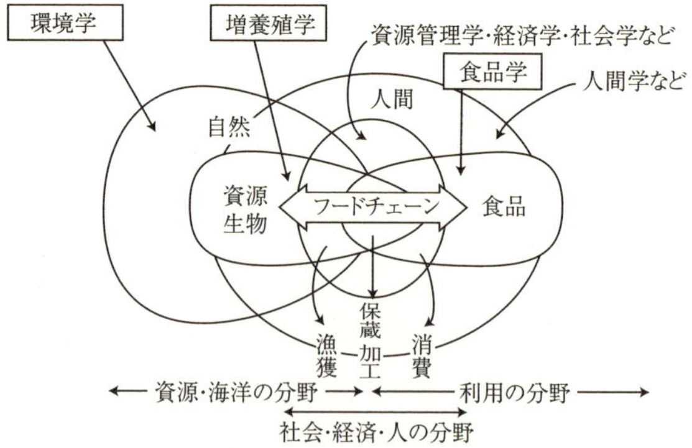

図0･1　水産分野における食品学，増養殖学，環境学の位置づけ

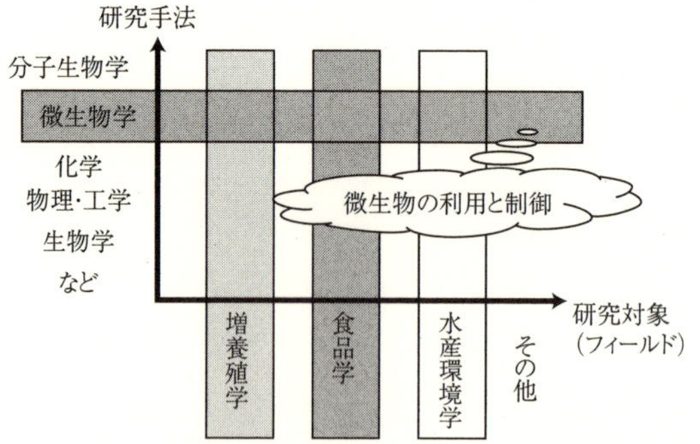

図0･2　研究対象と研究手法から見た本書の切り口

究課題もあらかた目処がついた食品分野に比べ，未解明の課題の多い海洋分野の研究は魅力的に思えたに相違なかろう．

本書では，水産学における研究対象と研究手法の関係を図0･2のようにとらえ，広範なフィールドに及ぶ水産微生物学研究の今日的問題を，おもに食品，増養殖，環境の分野について，「微生物の利用と制御」というキーワードで整理してみようとして企画したものである．

2007年5月

藤井建夫
杉田治男
左子芳彦

微生物の利用と制御－食の安全から環境保全まで　目次

Utilization and Prevention of Microorganisms in Fisheries Sciences

Edited by Tateo Fujii, Haruo Sugita, Yoshihiko Sako

I．食品における微生物の利用と制御

1章　食品安全確保における最近の考え方

藤　井　建　夫*

近年わが国では，低温貯蔵法やコールドチェーンの普及，衛生環境の改善，衛生教育の普及などにより，食品の生産・流通の現場において食中毒や腐敗など微生物学的な事例が問題となることは少なくなっていると思われてきた．それだけに1996年の夏，それまでわが国ではあまり重視されていなかった腸管出血性大腸菌O157による食中毒が大流行したことは食品業界にとって大きな衝撃であった．その後も，いくら醤油漬けによるO157事件（1998年）やいか乾燥菓子によるサルモネラ食中毒事件（1999年），加工乳によるブドウ球菌食中毒事件（2000年）など，大規模・広域食中毒が相次いで発生した（表1･1）．これら微生物的問題と同時に，BSEや輸入野菜の農薬汚染，食肉の偽装問題などもあり，消費者の食の安全・安心に対する関心は急激に高まってきた．

このような社会の変化に応えて，後で述べるように，2003年には国民の健康保護を掲げた「食品安全基本法」が制定され，また，これを受けて「食品衛生法」が大幅に改正された．これらの法規制の中で，食品企業の責務として自主衛生管理がいっそう強く求められるようになり，そのもっとも効果的な手段としてHACCPの導入が食品業界で進められている．2005年にはHACCPを適用したISO 22000（食品マネージメントの要求事項）が発行された．

本章では，まず（1）最近のわが国での食中毒の発生状況について，（2）食品安全を支える制度や仕組みとして，食品関連法規，食品安全委員会，HACCPおよびISO 22000について，さらに，（3）食品安全を支える技術・研究として，ハードルテクノロジー，バイオプリザベーション，予測微生物学，遺伝子手法について概説する．

* 東京海洋大学海洋科学部，現在山脇学園短期大学

表1･1　最近の主な大規模．広域食中毒事件（1996～2001年）

発行年月	発生場所	患者数	死者数	原因食品	病因物質	原因施設	関係自治体数
1996.7	堺市	7,966	3	貝割れ大根	腸管出血性大腸菌（O157：H7）	学校	1
1996.8	北海道	1,833	0	ポパイサラダ（ゆでホウレンソウとシーチキンの和え物）	サルモネラ（*S.* Enteritidis）	学校	1
1997.6	兵庫県	2,758	0	昼食弁当	病原大腸菌（O169）	仕出屋	1
1997.11	神戸市	3,044	0	弁当	不明	仕出屋	1
1998.3	大阪府	1,371	0	三色ケーキ	サルモネラ（*S.* Enteritidis）	製造所	1
1998.5	北海道	49	0	いくら醤油漬け	腸管出血性大腸菌（O157：H7）	製造所	11
1998.5	岐阜県	1,196	0	給食弁当	小型球形ウイルス	飲食店	1
1998.7	滋賀県	1,167	0	給食弁当・給食	腸炎ビブリオ	飲食店	1
1998.9	福島県	1,197	0	不明（学校給食）	病原大腸菌（O44）	学校	1
1999.3	青森県	1,634	0	いか乾製品	サルモネラ属菌	製造所	114
1999.8	北海道	509	0	煮かに	腸炎ビブリオ	製造所	7
2000.6	大阪府	13,420	0	加工乳など	黄色ブドウ球菌	製造所	23
2001.3	栃木県	195	0	牛たたき，ローフトビーフ	腸管出血性大腸菌（O157：H7）	製造所	9
2001.11	山口県	13	0	生カキ	細菌性赤痢	製造所	7

§1．わが国の食中毒の発生状況

わが国における食中毒発生状況は，とくに近年，変動が激しいが，毎年，500～3,000件ほどの食中毒が発生しており，2.5～4万人程度の患者が出ている．最近10年間の食中毒発生状況の集計によると，事件数の約90％，患者数でも約90％がサルモネラ，腸炎ビブリオ，ブドウ球菌，病原大腸菌などの微生物性食中毒である．このほか，自然毒によるものが事件数の5％，患者数で1％，また化学性食中毒が事件数の約0.5％，患者数の0.5％ほどある．

従来，食中毒と伝染病はヒトからヒトへの伝染性や発症菌量などが異なるとされていたが，食中毒の中にも発症菌量の少ないものや伝染性のあるもの，発症機構が伝染病と同じものもあって学問的に区別することは難しいので，これらは一括して感染症（foodborne（waterborne）infection）と呼ばれるようになり，これまで，経口伝染病として扱われていたコレラ，赤痢，腸チフス，パラチフスも，1999年12月からは，飲食に起因する場合には食中毒として扱われるようになった．

わが国の最近の食中毒発生状況は1995～96年を境としてその前後で大きな違いがある．1995年までの傾向として，事件数はやや減少傾向，患者数はほとんど変化が見られず，死者数は1968年以降100人以下に減少し，最近は10人前後まで激減した．それにもかかわらず患者数が減っていないのは集団食中毒が増えているためである．

一方，1996年から1998年にかけて，事件数，患者数が増加している（図1･1）．これは実際的な増加のほかに，1996年の大腸菌O157事件をはじめとする微生物性食中毒の大流行によって食中毒に対する社会の関心が高まってきたため届け出件数が増加し，とくに患者1名の事例が増加した（この状況は都道府県によって著しく異なる）ためである．その後は再び減少傾向にある．

微生物性食中毒は従来サルモネラ，腸炎ビブリオ，ブドウ球菌などによるものが主であったが，最近は腸炎ビブリオ，ブドウ球菌などは減少し，従来とは異なる血清型のサルモネラやカンピロバクターなどによる食中毒が増加している（図1･1）．また，これまでわが国では見られなかった腸管出血性大腸菌やリステリアによる食中毒も発生しており，加えてノロウイルスによる食中毒が急増している．腐敗菌でも*Alicyclobacillus* [1] など，特殊な微生物による事故が発生している．

このような変化の原因としては，①耐性菌の増加や強病原菌の出現，分布の変化など微生物側の問題，②免疫力の低下など宿主（ヒト）側の問題，③食品製造や，給食，流通システムの拡大，食料貿易の増大など食品産業の変化，④家畜や家禽，養殖魚などの飼育・栽培形態の変化，⑤温暖化をはじめとする地球環境の変化などの問題が指摘されている．

このうちとくにわが国では海外からの食料輸入の問題が重要である．最近は食品原料の輸入が急増しているだけでなく，海外で加工されて輸入されるようなケースも増えており，いずれにしてもそれに伴う病原菌の持ち込みが心配される．食料輸入を通して現地の衛生事情がわが国の食品衛生に大きく影響する

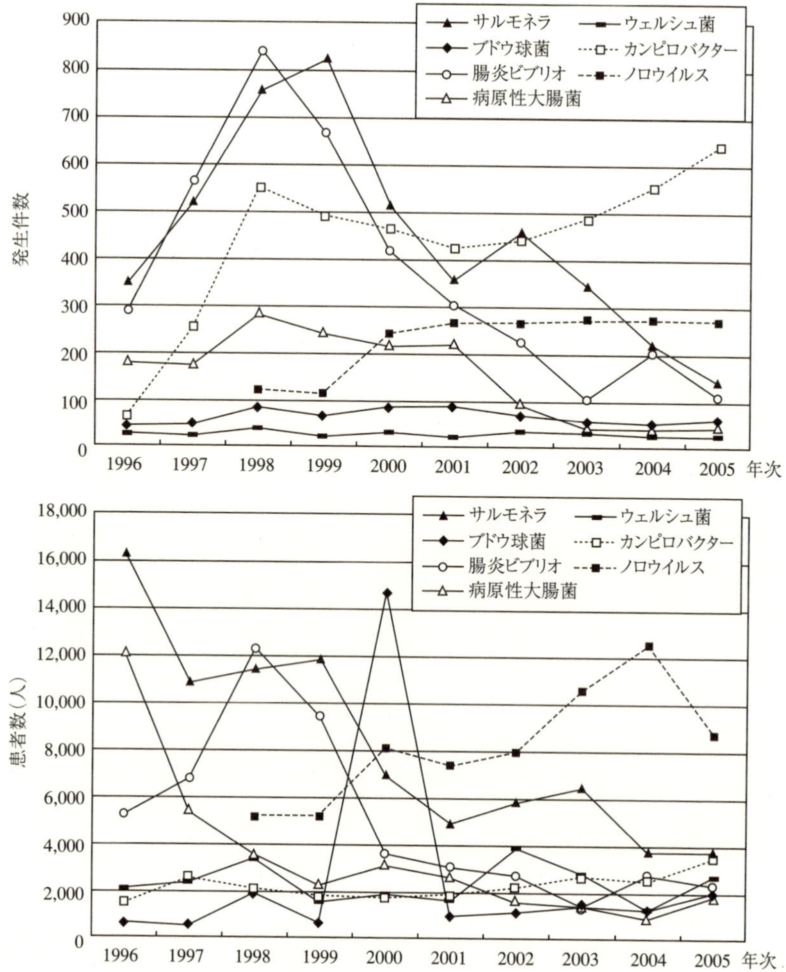

図1・1　主な原因微生物別に見た食中毒発生件数と患者数の年次変化

からである．事実，わが国でのO157やサルモネラ食中毒の増加は海外での流行から数年遅れて見られる．

わが国の衛生状態も，ひと昔前に比べると格段に改善されたとはいえ，まだ十分とはいえない．たとえば1996年夏の病原大腸菌O157関係の報道によると，堺市の場合，食材配送用トラックには保冷設備がなく，受け手の学校側にも保管用の冷蔵庫がなかったという．1999年のいか乾燥菓子によるサルモネラ事件や2000年の加工乳によるブドウ球菌事件などの事例を見ても，食品を扱う現場での食品衛生や微生物制御に関する知識の普及が重要であることがよくわかる．

§2．食品安全を支える制度と仕組み

2･1　食品安全基本法

わが国では，はじめにも述べたように，1996年の堺市での腸管出血性大腸菌O157による集団食中毒事件をはじめ，いか乾燥菓子によるサルモネラ食中毒事件（1999年），加工乳によるブドウ球菌食中毒事件（2000年）など，大規模・広域食中毒が相次いで発生し，またBSEや輸入野菜の農薬汚染，食肉の偽装問題など，消費者の食の安全・安心に対する信頼を揺るがす事件が続発した．政府はこれを契機に，これまでの生産者中心の食品行政を見直し，消費者重視の取り組みを強化することとし，食品の安全性確保に向けた基本理念，基本方針を定めた「食品安全基本法」を制定，リスク管理機関（厚生労働省，農林水産省など）から独立した中立公正なリスク評価機関として内閣府に食品安全委員会を設置，さらに食品衛生法が大幅に改正された．

食品安全基本法では，その第1条で「科学技術の発展，国際化の進展その他の国民の食生活を取り巻く環境の変化に適確に対応することの緊急性にかんがみ，食品の安全性確保に関し，基本理念を定め，並びに国，地方公共団体及び食品関連事業者の責務並びに消費者の役割を明らかにするとともに，施策の策定に係る基本的な方針を定めることにより，食品の安全性の確保に関する施策を総合的に推進することを目的とする」としている．

この食品安全基本法により，「国民の健康の保護が最も重要である」という基本認識のもと，食品の安全性確保が食品行政の基本理念として明記され，食品供給過程の各段階において適切な措置を講じ，国民の健康への悪影響を未然に防止することが定められた．

食品安全基本法では施策の策定に係る基本的方針として，リスク評価（食品健康影響評価），リスク管理（リスク評価に基づいた施策の策定），リスクコミュニケーション（関係者相互間の幅広い情報や意見の交換）という概念を導入

し，リスク評価を専門に行う機関として食品安全委員会を関係行政機関から独立して設置するように定めた点が大きな特徴である（図1･2）．

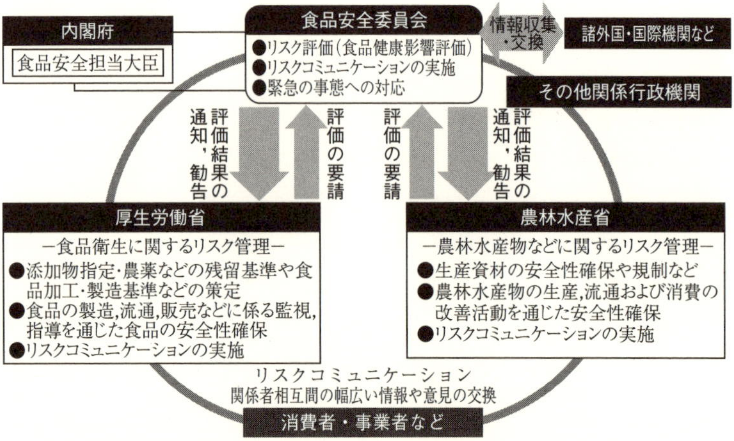

図1･2　食品安全委員会とリスク管理機関との関係について

2･2　食品衛生法

食品衛生法は戦後間もない1947年に制定（1948年1月1日施行）されたわが国の食品衛生に関する基本法規である．制定当初は社会の衛生状態が悪く，食中毒が頻発していたため，衛生の最低限を強制的に確保することにより国民の生命を守るという社会防衛的な考えから取り締まり法規的な性格の強い法律として運用されていた．その後，社会の進展に対応して17次に及ぶ改正が行われ，次第に整備されたものとなっている．最近では，1996年に大幅改正が行われ，食品添加物の見直し，総合衛生管理製造過程（HACCP）の導入，輸入食品の届出制度の効率化，食品営業許可期限の延長などが行われた．また2003年には，「食品安全基本法」が制定されたのを受け，食品衛生法も全面的に見直しが行われた．法の目的として，旧法では「この法律は，飲食に起因する衛生上の危害の発生を防止し，公衆衛生の向上及び増進に寄与すること」（第1条）と述べられていたが，改正法では，「この法律は，食品の安全性の確保のために公衆衛生の見地から必要な規制その他の措置を講ずることにより，飲食に起因する衛生上の危害の発生を防止し，もって国民の健康の保護を図ること」と明記され，国民の健康保護が最も重要であるという食品安全基本法の精神が明確に盛り込まれた．そのほか改正法では，国，地方自治体，食品など事業者の責務が明確に規定され，また，ポジティブリスト制の導入による農薬などの残留規制の強化，錠剤やカプセルなどで摂取する食品の流通禁止措置，輸入食品などの監視・検査体制の強化，総合衛生管理製造過程承認への更新制の導入，消費者とのリスクコミュニケーションの重視，食中毒事故への対応の強化，表示義務違反などへの罰則強化などが織り込まれた．

2・3 食品安全委員会

食品衛生上のリスク管理（規制，指導など）は従来厚生労働省と農林水産省が行ってきたが，これらの行政機関から独立して，科学的知見に基づいて客観的かつ中立公正に食品のリスク評価（食品を食べることによって有害な要因が健康に及ぼす悪影響の発生確率と程度の評価）を行う機関として，2003年7月に，内閣府に食品安全委員会が設立された．関係省庁からの諮問および独自の考えによりリスク評価をする一方，リスク管理機関である厚生労働省および農林水産省に対して施策の実施状況を監視し勧告する権限をもっている．食品安全委員会の最も重要な役割はリスク評価であるが，リスクコミュニケーションの実施や緊急事態（食品事故の発生など）への対応も担っている．

食品安全委員会は7名の委員から構成され，その下に，企画専門調査会，リスクコミュニケーション専門調査会，緊急時対応専門調査会に加え，添加物，農薬，微生物といった危害要因ごとに13の専門調査会が設置されている．

2・4　HACCP

近年欧米先進国では衛生上の危害を防止するためにHACCPという新しい衛生管理システムの導入が積極的に進められている．HACCPとはHazard Analysis and Critical Control Pointの略称で，「危害分析・重要管理点（監視方式）」と訳されている．わが国でも1995年に食品衛生法が改正され，HACCPの考え方が「総合衛生管理製造過程」という呼び方で導入された．

このシステムは，食品の原材料の生産から最終製品の消費にいたるまでの段階ごとに発生するおそれのある危害因子（たとえばボツリヌス菌など）とその発生要因（殺菌不足など）をあらかじめ分析し，それを防除するために必須な対策（十分な殺菌など）を立て，これがいつも守られていることを監視（温度モニタリングなど）・記録することにより，危害の発生を未然に防止する科学的な衛生管理システムである．このシステムが効率よく機能するためには，施設設備や従業者の衛生といった一般的衛生管理事項が実施されていることが重要である．

加工場でHACCPを導入するには次に示すコーデックスの12手順に沿って施設・製品ごとにHACCPプランを構築しなければならない．日常的な衛生管理はそのプランに基づいて行われる．この12手順のうち，手順1～5は手順6～12の7原則を実行するための準備段階である．

手順1　HACCPチームの編成
手順2　製品の記述
手順3　意図する用途の確認および使用法
手順4　フローダイヤグラムの作成
手順5　フローダイヤグラムの現場確認
手順6　危害分析（原則1）
手順7　重要管理点の決定（原則2）
手順8　管理基準の確立（原則3）
手順9　モニタリング方法の確立（原則4）
手順10　管理基準逸脱時の措置の確立（原則5）
手順11　検証方法の確立（原則6）
手順12　記録の保管システムの確立（原則7）

HACCPは原材料の生産から製品の流通・消費に至る間の食品の流れに注目した衛生管理である．したがってHACCPを効率よく進めるためには，生産現場および加工場の環境や施設設備の衛生管理，従業員の教育訓練および健康調査というような衛生管理が十分行われていることが必要であり，それによって製造環境からの微生物汚染を事前に防止することができ，製造工程中の重要管理点（CCP）の数を絞り込んで，食品自体のCCPのコントロールに注意を集中することができる．

HACCPシステムの導入に当たってあらかじめ整備しておくべき衛生管理項目は一般的衛生管理プログラムとよばれ，表1·2のような項目が含まれる．このプログラムは欧米ではGMP（good manufacturing practice；適正製造基準）

表1・2　一般的衛生管理プログラムの主な内容

施設・設備の衛生管理
施設・設備，機械・器具の保守管理
鼠族・昆虫の防除
使用水の衛生管理
排水および廃棄物の衛生管理
従事者の衛生管理
従事者の衛生教育
食品などの衛生的取り扱い
製品の回収プログラム
試験・検査に用いる設備などの保守管理

として以前から行われているのに対し，わが国ではこの点の取り組みが遅れているため，HACCPの導入に際してはまずこれらの整備が必要となる．一般的衛生管理プログラムでは，あらかじめ標準作業手順書（standard sanitation operation procedure；SSOP）を作成しておき，これに基づいて日常の衛生管理を適切に行う．

イクラのO157食中毒事件（1998年）やいか乾燥菓子のサルモネラ食中毒事件（1999年），雪印加工乳のブドウ球菌食中毒事件（2000年）などの大規模食中毒の原因として明らかになるのは，日常的な衛生管理の不備と微生物に対する認識不足に起因する問題（一般的衛生管理プログラムの問題）が大部分ということである．したがって一般的衛生管理事項の整備だけでも大部分の事故が防止できるということになる．

2・5　ISO 22000

ISO 22000とは，コーデックスの12手順に沿ったHACCPシステムと品質マネージメントシステムを組み合わせた食品安全マネージメントシステムの規格である（2005年9月発行）．ISO（International Organization for Standardization，国際標準化機構）はアイソ，アイエスオー，イソと呼び，語源は略語ではなく，ギリシャ語で均等を意味するisosに由来する．国際貿易の円滑化のために工業分野の国際的な標準規格を策定するための組織であり，製品の品質や環境の国際的な管理システムの標準化のために，ISO 9001（品質マネージメントシステム）やISO 14001（環境マネージメントシステム）などの規格を策定・発行している．

従来のHACCPは製造工程の衛生管理に重点がおかれ，フードチェーン（食品の流れ）全体の関係や責任分担，情報交換なども配慮されていず，またいわゆる一般的衛生管理プログラムをどの程度行うかによって，構築するHACCPプランが大きく異なってくるにもかかわらず，その両者の関係や，プログラム実施状況の確認，また実際にシステムをどのように運用し，維持，改善していくかということなどがあいまいであるなどの問題が見られる.

このような点から，国際的に普及しつつあるISO 9001の規格を用いて，コーデックスのHACCP12手順の不足を補った食品安全マネージメントシステムを確立したものがISO 22000といえるが，コーデックスのHACCP12手順との主要な違いは次のとおりである.

（1）従来のHACCPでは一般的衛生管理プログラムの部分はHACCPの前提事項と位置づけられているが，ISO 22000では，そのうち，工場の設備や器具の整備のような製造環境の衛生管理に類する部分への取り組みを「前提条件プログラム（PRP）」とし，攪拌機の洗浄のような製造工程に関する一般的衛生管理プログラムを「オペレーションPRP（OPRP）」として分けた.

（2）従来のHACCPでは製造工程における食品安全ハザードの管理はCCPに重点がかれているが，ISO 22000ではCCPとオペレーションPRPの両者を用いて管理する.

（3）ISO 22000ではオペレーションPRPとCCPによって管理が行われるが，これらが本当に機能しているかどうかの「妥当性確認」のチェックを明確にした.

したがって，ISO 22000では，食品安全ハザード管理の手段として，従来はなかったOPRPという考え方を取り入れ，図1･3のように，PRP，OPRP，HACCPの三者を適切にくみあわせたシステムとなっている[2)].

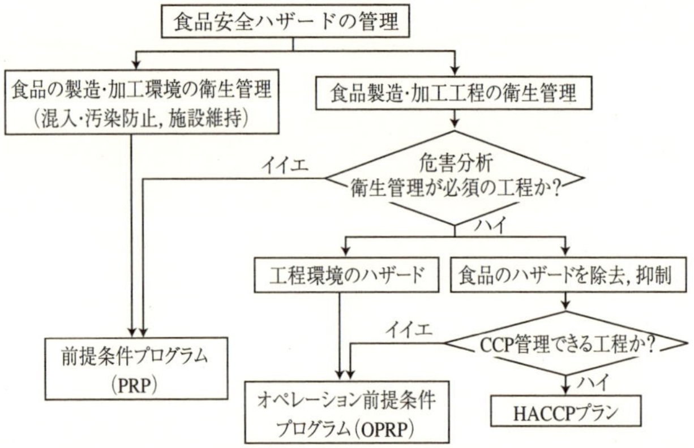

図1･3　PRP，OPRP，HACCPの適切な組み合わせによる食品安全ハザード管理

§3. 食品安全を支える技術・研究

3・1　ハードルテクノロジー

食品中での微生物の増殖や死滅の程度は，温度や食塩濃度，pH，酸素濃度，水分活性などの要因によって大きく影響される．実際の食品加工ではこれらの要因をコントロールして微生物制御が行われているわけであるが，一般には食品中での微生物の増殖や生残には2つ以上の要因が関係していることが多く，実際の食品加工の際にもこれら複数の要因を組み合わせて，効果的に微生物制御を行っていることが多い．

食品中の複合要因による微生物制御をわかりやすく説明したものとしてハードル理論がある．これは，微生物制御のための各種要因を一つずつのハードルにたとえ，加工工程において微生物がこれらのハードルを最終的に飛び越えないように，いくつかの物理的および化学的技術を適切に組み合わせることにより，微生物を効果的に抑制できるという考え方[3]である．

この考え方は，従来の食品加工では強い加熱や低いpH，高い食塩濃度，強い乾燥（低い水分活性）などで微生物制御をしてきたが，最近は嗜好性の点から，加熱を控えたり，酸味や食塩濃度を弱くしたり，乾燥を弱めたりした商品が好まれる傾向にある．この際従来と同等の保存性を維持するためには，他の微生物制御因子で補う必要があるが，一つずつの制御因子はできるだけマイルドである（ハードルが低い）ことが望ましく，その組合せを考える上でこのハードル理論が有効となる．実際にこの理論は高水分食品や加熱を控えた食肉製品，発酵生ハムの開発などに適用されており，また，開発途上国ではハードル理論を用いて，野菜，果実や魚介類など生鮮食品を冷蔵庫なしで保存する方法も試みられている．

3・2　バイオプリザベーション

化学合成保存料や天然保存料のほか，動物，植物，微生物起源の抗菌物質で，長い間食べられてきた乳酸，アルコール，バクテリオシン，乳酸菌菌体などを用いた食品保存法が注目されている．乳酸菌の作用を活用したヨーグルトやチーズ，漬け物，馴れずしなどは伝統的なバイオプリザベーションと考えられる[4]．

バイオプリザベーションの応用については次章で詳しく述べられる．

3・3　予測微生物学の適用

海外では最近，数式モデルを用いた予測微生物学という新しい考え方が発展しつつあり，わが国でも賞味期限の設定や食中毒防止，HACCPにおけるCCPの設定などの観点から関心がもたれている．これはあらかじめ決めておいた環境因子（食塩，pH，温度など）で培養した実験結果から，各環境条件を係数として設定し，微生物増殖のモデル式を求め，これにより各種条件下での増殖予測を可能にしようとするものである．これまで多くの増殖モデルが開発されているが，いずれも増殖・死滅の機構に基づいたモデルではなく経験式であり，いかに実際の微生物増殖データと合致するかという点から評価されている．これらのうちGompertzモデルとBaranyiモデルが実際の微生物増殖の実測値によくフィットするといわれ，このモデルに基づいた研究例も多い．イギリスや米国ではこのGompertzモデルを用いて，食品の貯蔵条件（食塩，pH，温度など）がわかれば一定時間後の菌数予測ができるようなソフトもすでに開発されており，アメリカ農務省のPathogen Modeling Program（PMP）（http://ars.usda.gov/services/docs.htm?docid=6786）やイギリスのFood MicromodelとPMPを統合したCombase（http://wyndmoor.arserrc.gov/combase/）などが現在入手可能である．

しかしこれらのモデルは変動温度には適用できないため，新ロジステックモデルを用い，温度履歴の変動にも対応できる予測プログラムが藤川ら[5)]によって開発され，大腸菌，サルモネラ，黄色ブドウ球菌（図1・4参照）などで増殖予測を，変動温度下での増殖を含め，高い精度で予測できることを示している．また，海外のソフトをそのまま利用しようとすると，わが国の代表的な食中毒細菌である腸炎ビブリオが含まれていないというような不都合に出くわす．魚を生食する経験がない欧米では，腸炎ビブリオは日常問題を起こすことがなかったため，はじめから考慮されていないのである．これらの点を克服するため，われわれは藤川氏と共同で，腸炎ビブリオについてのプログラムを開発し，現在食品産業センターのホームページ（http://www.shokusan.or.jp/haccp/）で公開している．これまでわが国ではこのような予測ソフトやデータベースはほとんど開発されていなかった．欧米と日本では食品の種類や食べ方など異なる点があるので，今後はこれが食品安全確保の1つのツールとして用いられるためには，刺身やすしなどわが国独自の食品を対象とした，日本語による予測ソフトやデータベースの充実が望まれる．

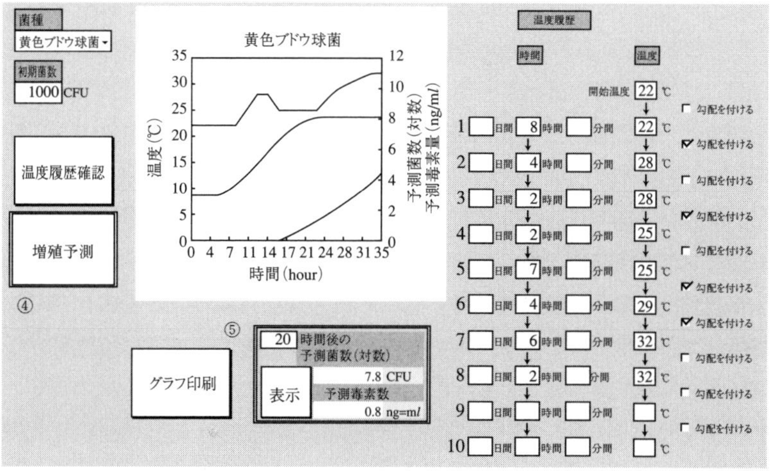

図1･4　温度履歴変動に伴う黄色ブドウ球菌の増殖および生成毒素量予測プログラムの表示画面の例

3･4　遺伝子手法の適用

食品分野においても遺伝子手法が広く用いられるようになってきた．その主な目的は（1）食中毒・腐敗菌の迅速検出・同定（食中毒事件や腐敗・変敗事例に迅速に対応できる），（2）食中毒腐敗菌の株レベルでの識別（汚染源の究明，病原菌と非病原菌の識別によりリスク評価などに適用できる）である．

遺伝子手法の適用については第3章で詳しく述べられる．

文　献

1）横田　明・藤井建夫（監修）：好熱性好酸性菌－*Alicyclobacillus* 属細菌，建帛社，2004，pp.139.

2）大西吉久：ISO 22000:2005（食品安全マネージメントシステム；FSMS），食品と開発，**41**（10），4-7（2007）.

3）L. Leisner（清水　潮訳）：食品保全に適用されるハードルテクノロジーの基本および応用，食品微生物制御技術の進歩（河端俊治，春田三佐夫編），中央法規出版，1998，pp.10-27.

4）森地敏樹・松田敏生（編）：バイオプリザベーション，幸書房，1999，pp.172.

5）藤川　浩・矢野一好・諸角　聖・木村　凡・藤井建夫：各種温度条件下における微生物増殖予測プログラムの開発，食衛誌，**47**，288-292（2006）.

2章　水産食品における微生物の利用

山崎浩司*・Dominic K. Bagenda*

わが国は，周囲を海に取り囲まれ，水産資源の豊富な環境にあるため，世界的に見ても魚介類を「生（なま）」で食べる稀な食習慣をもった国である．一般に，魚介類は畜肉に比べて品質劣化が速く，腐敗しやすい食べ物であるため，ヒトに対して健康被害を起こさないように摂食するための工夫（加工・調理技術）が経験的に創出され，受け継がれてきた．水産食品の分野でも，この極めて腐敗しやすい魚介類に対して微生物を利用した発酵によって，長期間にわたる保蔵や独特の風味形成を可能としてきた．

一般に発酵食品では，微生物の働きを積極的に利用することで独特の風味醸成や長期間にわたる保蔵を可能としている．したがって，発酵食品およびその製造工程には，優れた食品保蔵技術が潜んでいるといっても過言ではない．ここでは，代表的な水産発酵食品における微生物の役割に触れ，さらに，近年，食品製造分野で注目を集めている新しいタイプの食品保存法である生物学的保存法（バイオプリザベーション）について紹介する．

§1．わが国の水産発酵食品

塩辛，くさや，魚醤油や馴れずしなどのすし類はわが国の代表的な水産発酵食品である．例えば，伝統的ないか塩辛における微生物の役割は，旨みの形成にはほとんど関与しないが，菌相中で優占となる細菌（特に *Staphylococcus* spp.）が有機酸などを生成することで，独特の風味が醸成されることが知られている[1]．くさやにおいては，製造に使用されるくさや汁中に存在する *Corynebacterium* spp. の産生する抗菌物質が製品の保存性に関与することが指摘されている[2]．またすし類では，熟成期間中の乳酸菌の発育によるpHの低下を主たる要因として食品に保存性と風味が付与される．しかし，乳や農作物の発酵食品に比べ，水産分野での発酵食品における微生物学的な特徴やその

---

* 北海道大学大学院水産科学研究院

微生物の役割が明確に解明されているものは少ない．

筆者らは，水産発酵食品における微生物の働き，特に食品の安全性との関連性を知るために，低温増殖能を有する食中毒菌である *Listeria monocytogenes* を人為的にさけいずしおよびにしん切り込みに接種し，その消長を調べた．その結果，乳酸菌が多数存在しpHが低くなっているさけいずしでは，*L. monocytogenes* が極めて短期間のうちに減少し検出できなくなったが，製品中に乳酸菌が存在しない市販のにしん切り込みでは，*L. monocytogenes* が長期間にわたって生残した（図2･1）[3]．また，種類の異なるさけいずしにおける *L. monocytogenes* の消長も調べたところ，いずしの種類により *L. monocytogenes* の

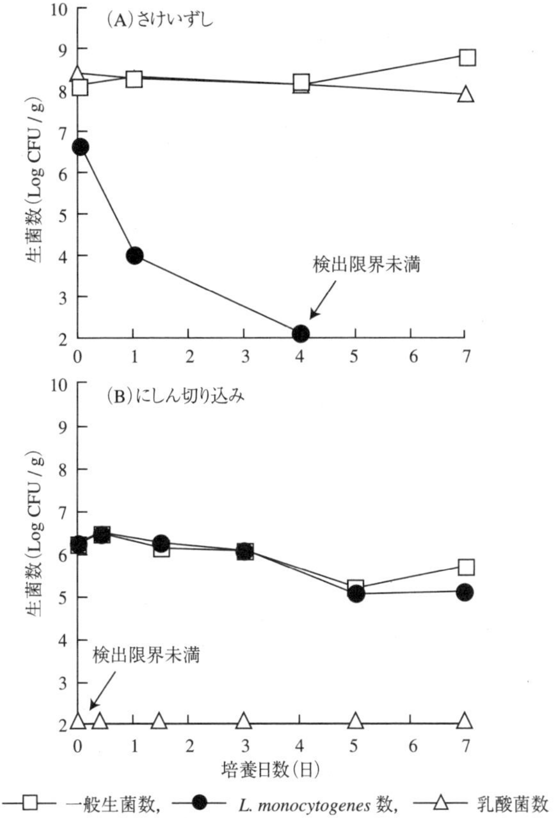

図2･1　水産発酵食品における一般細菌，*L. monocytogenes* および乳酸菌の消長

減少速度が異なり，その要因が菌相を構成する乳酸菌の種類によることが明らかになった[3]．この *L. monocytogenes* の減少には，乳酸菌による拮抗作用と有機酸の生産が主な要因と考えられるが，その他の抗菌物質，例えばバクテリオシンなどの産生菌の存在も考えられた．また，魚醤油中の乳酸球菌（*Streptococcus* 属）が多くの腐敗細菌の増殖を抑制することも明らかにされている[4]．

このように，いずれの水産発酵食品においても熟成過程中に存在する微生物が風味の醸成や保存性，安全性に大きく関与していることがうかがえる．しかし，昨今ではこれら水産発酵食品において，長期間の熟成による風味の醸成を行わずに製品としたものが多くなってきた．中には発酵食品であるにもかかわらず熟成に関与すべき微生物数の極めて少ないものも見受けられる．このような製品では，永年の経験によって培われてきた各食品での優れた微生物機能を享受することは難しいと考えられる．

§2．非加熱殺菌技術の必要性

生鮮魚介類やready-to-eat食品などの加工食品では，素材のもつ風味や食感を損なう調理・加工を可能な限り行わなくなってきた．この消費者の要望は，食品添加物量の低減や加熱殺菌条件の緩和などを行うことによって容易に解決できるが，当然ながらこれらの処置により微生物を抑制する効果も弱くなる（ハードルが低くなる）．したがって，図2·2のように，新たなハードルを複数

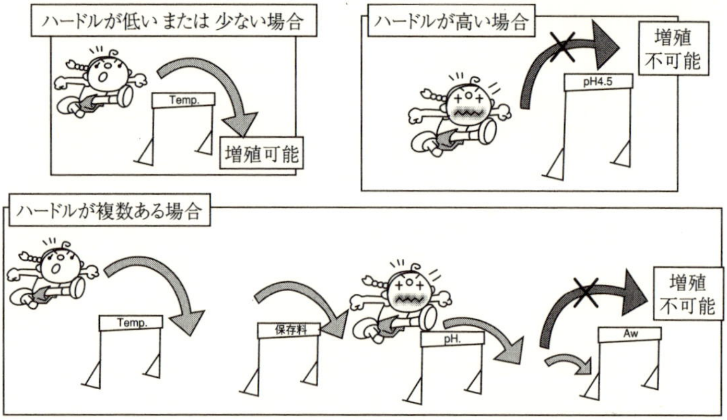

図2·2　ハードル効果による微生物制御

設けなければ食品の品質および安全性を保つことはできないため，その1つとして低温管理手法が取り入れられている．水産食品においても，この徹底した低温管理の導入により低塩濃度，高い水分活性の製品でもある程度の保存性が確保されるようになった．

一方，低温保蔵に依存した食品では，大腸菌（*Escherichia coli*），サルモネラ菌（*Salmonella* spp.）や黄色ブドウ球菌（*Staphylococcus aureus*）などの中温菌の発育が阻止されるが，リステリア菌（*L. monocytogenes*）や*Yersinia enterocolitica*を代表とした低温増殖能をもつ食中毒菌や低温性の腐敗微生物の発育は完全に阻止されない．そのため，低温増殖性の微生物制御を可能とする非加熱殺菌技術の開発・実用化が必要となっている．

非加熱殺菌技術には物理的，化学的および生物学的な方法があるが，そのなかで，生物学的保存技術（バイオプリザベーション）は，微生物（主に乳酸菌）またはその代謝産物を天然の食品保存料または食品素材として利用するものである．食品に使われるバイオプリザバティブ（植物，動物および微生物由来の抗菌作用を有する化合物で，何らの害もなく食品として，あるいは食品とともに長期間ヒトに食べられてきたもののこと）には，従来から食品保蔵に使用されてきた有機酸やアルコールをはじめ，その他にジアセチル，ロイテリン，抗菌ペプチド（バクテリオシン），過酸化水素などがあり，これら微生物から産生されるバイオプリザバティブの応用が期待されている．

§3. 乳酸菌の産生する抗菌ペプチド

細菌の産生する抗菌ペプチドであるバクテリオシンは，通常のタンパク質と同様にリボソームで合成されるペプチドで，特に乳酸菌の産生するバクテリオシンはその構造，性質から表2･1のような分類が提案されている[5)]．一般に，バクテリオシンの抗菌力は産生菌の類縁菌のみに有効であり，その抗菌スペクトルは比較的狭い．したがって，本物質を食品へ応用した場合，有害な対象菌のみを選択的に制御することが可能と考えられている．すなわち，バクテリオシンの利用は食品製造・加工上，有用な微生物やヒトに無害な微生物を殺すことなく，食品の安全性を向上させられる可能性を秘めている．

バクテリオシンを産生する微生物は，食経験のある野菜，穀類，畜肉，乳な

表2･1　乳酸菌の産生するバクテリオシンの分類[5)]

分類*	性　質	代表的なバクテリオシン
Ⅰ	ランチビオティック；不飽和アミノ酸，ランチオニン，3-メチルランチオニンなどの異常アミノ酸を含む耐熱性低分子ペプチド	Nisin, Lacticin 481, Lactocin S Lacticin 3147
Ⅱ	ランチオニンを含まない耐熱性低分子ペプチド（＜10K）	
Ⅱa	N末端側にコンセンサス配列を[-YGNG(V/L)XC-]有する抗リステリア性ペプチド	Pediocin PA-1 Sakacin A, Leucocin A, Piscicocin CS526
Ⅱb	2分子のペプチド複合体を形成して抗菌活性を示す	Lactacin F, Lactococin G
Ⅱc	異常アミノ酸を含まない環状ペプチド	Gasericin A, Enterocin AS-48
Ⅱd	その他の非Pediocinペプチド	Lactococcin A, Diviergicin A

* 以前の分類でクラスⅣに分類されていた糖質や脂質と複合体を形成したバクテリオシンは含んでいない

どからの分離例が多い．そこで，様々な水産食品や水産発酵食品からのバクテリオシン産生菌の探索を行った結果，代表的な水産発酵食品であるほっけいずしからpediocin PA-1と同一と考えられるバクテリオシン（pediocin Iz.3.13）を産生する*Pediococcus pentosaceus* Iz.3.13株の分離に成功した[6)]．また，冷凍すり身から新規なクラスIIaバクテリオシンであるpiscicocin CS526を産生する*Carnobacterium piscicola* CS526株[7, 8)]やその他に冷凍エビ，燻製いか，生イカなどからもバクテリオシン産生性乳酸菌が分離された．一方，バクテリオシン産生菌は食品のみならず，様々な環境にも分布している．園元らの研究グループ[9)]は，家庭の台所および河川水からnisin Aの類縁体であるnisin Zおよびnisin Qを産生する菌株を分離した．さらに，動物（ヒトを含む）の腸管内容物からの分離例も多数報告されている．したがって，バクテリオシンを産生する微生物は，自然界や多くの食品に広く分布しており，古来よりヒトは食品，特に発酵食品などを介してバクテリオシン産生菌と深く関わり続けてきたと考えられ，日常的にバクテリオシン産生菌を食品とともに摂食していると推察できる．

§4．食品微生物制御へのバクテリオシン産生性乳酸菌の利用

食品保蔵にバクテリオシンを利用する利点はいくつかあげられる．一般に，バクテリオシンは比較的低分子量のペプチドであるため，熱安定性に優れている．したがって，加熱食品で問題となる*Bacillus*属や*Clostridium*属などの芽

胞形成菌に対しても有効なものが多い．また，バクテリオシンは，リステリア菌や乳酸菌が好む環境の低pHおよび低温下でも効力を失わないため，低酸性食品のみならず酸性食品（pH4.6未満）や低温保存する食品への応用も可能である．実際に，リンゴジュースやオレンジジュースなどの酸性飲料で変敗を引き起こす耐熱性芽胞形成菌の*Alicyclobacillus*属の発育もnisin Aによって効果的に阻止できる[10)]．

次にバクテリオシンに匂い，味や色がほとんどない点である．例えば，植物由来の天然物抗菌物質で食品への応用が期待されているカルバクロールやチモールなどの精油成分は，*L. monocytogenes*や芽胞形成菌に対する抗菌活性は高いものの，効果を発揮する濃度では成分由来の匂いや味によって食品本来の風味が大きく損なわれる．一方，バクテリオシンではこのような風味の低下はほとんど起こさず，むしろバクテリオシンは植物由来の精油成分と併用することで，食中毒菌制御に必要な精油成分濃度を著しく低減し，食品の風味向上に寄与する[11)]．また，バクテリオシンはタンパク質性の物質であるため，消化管内のタンパク質分解酵素によって容易に加水分解されてしまうことから，安全性は高いと推察できる．さらに，バクテリオシンの抗菌スペクトルは比較的狭い．したがって，バクテリオシンを食品とともに摂食しても① 消化器官のタンパク質分解酵素によって加水分解され活性を失う，② 制御対象の微生物以外には作用しないことから，腸管内のマイクロフローラに悪影響を及ぼす可能性が少ないと推察でき，既存の抗生物質や合成保存料を使用する場合と比較してより安全に食品保存が行えると考えられる．

§5．水産食品保蔵へのバクテリオシン利用

食品中の微生物制御へのバクテリオシン利用は，主にGRAS（Generally Regarded As Safe）物質（米国食品医薬品局FDAが一般に安全と認めた食品または食品添加物）として認められているnisin Aを中心に検討され，現在50ヶ国以上の国で乳製品や缶詰などの食品保存料として使用されている．残念ながら，日本ではnisin Aの食品への利用は許可されていない．しかし現在，食品安全委員会で食品保存料としての指定を検討しているところであり，その動向が期待される．その他のバクテリオシンでは，pediocinを代表とするClass

IIa に属するバクテリオシンを利用したものが多く報告されている．なお，nisinおよびpediocin PA-1は各々，Nisaplin（Danisco）およびALTA2431（Quest）として既に海外では市販され，実用化されている．

バクテリオシンまたは産生菌の添加で，*L. monocytogenes* などの食中毒菌の発育を抑制できることは数多く報告されており，特に*L. monocytogenes*の制御についてはClass IIaバクテリオシンを利用したものが多い．そこで，Class IIaのバクテリオシンであるpiscicocin CS526を産生する*C. piscicola* CS526をスモークサーモンにprotective cultureとして接種したところ，バクテリオシン非産生性*C. piscicola*では低温保存中に*L. monocytogenes*菌の増加が見られたが，piscicocin CS526産生性*C. piscicola* CS526を接種したものでは短期間のうちに*L. monocytogenes*の菌数が検出限界未満まで減少した（図2･3）[7]．また，Weiss and Hammes [12] もスモークサーモン中の*L. monocytogenes*制御に，バクテリオシン産生性*Lactobacillus sakei*のprotective cultureとしての接種が有効であることを報告している．しかし，これまでのところ，水産食品を対象とした研究はスモークサーモン中での*L. monocytogenes*の抑制に関する知見以外はほとんどない．

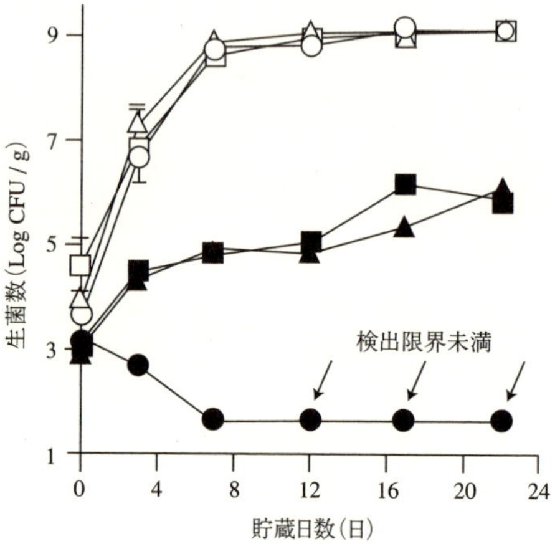

図2･3　バクテリオシン産生*C. piscicola* CS526接種スモークサーモン中における*L. monocytogenes*の生残性.
バクテリオシン産生性*C. piscicola*（○，●）接種，非産生性*C. piscicola*（△，▲）接種および*C. piscicola*非接種（□，■）時の*L. monocytogenes*菌数（●，▲，■）ならびに乳酸菌数（○，△，□）．矢印は，検出限界未満を示す．

その他のバクテリオシンまたは産生菌の使用は，乳酸菌の加熱死菌体にバクテリオシンを吸着させて利用する方法[13]，バクテリオシン産生菌の培養上清を発酵調味液として使用する方法や，産生菌を使用して乳やトウモロコシなどの食品由来のタンパク質の発酵粉末を調製し，これを利用する方法[14]などが報告されている．そこで筆者らも，piscicocin CS526産生性*C. piscicola* CS526で乳清タンパク質溶液を発酵・粉末化し，これを挽肉に添加することで*L. monocytogenes*の発育を効果的に阻止できることを明らかにし（図2·4），バクテリオシン活性を保有させた乳清粉末の有効性を示した[15]．また，バクテリオシンを付着または練り込んだ食品包装用フィルムや可食性フィルムを作製し，これらで食品を包装することで食品に付着する*L. monocytogenes*などの食品汚染菌の増殖を抑制する方法なども考案されている[16]．したがって，水産食品においてもこれら様々な手法を適用することで保存性や安全性の確保できると考えられる．

一方，バクテリオシン分子は一般に疎水性が高いため，食品成分，例えば，タンパク質，脂質，糖質などと結合し効力が弱くなることがある．Benechら[17]は，この問題を，リポソーム内にバクテリオシンを包含させたカプセル化バクテリオシンの利用によってバクテリオシンを食品へ徐々に供給するシステムを

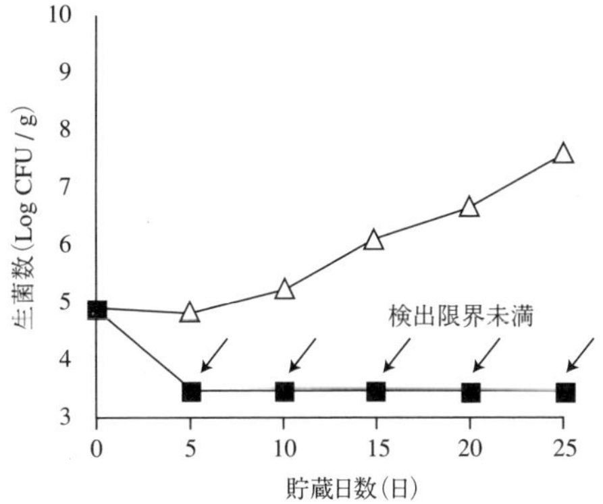

図2·4　*C. piscicola* CS526（Bac^{+}）発酵乳清粉末添加（10％）挽肉（牛肉：豚肉＝1：1）における*L. monocytogenes*の消長（5℃）．
C. piscicola CS526（Bac^{-}）変異株発酵乳清粉末添加区（△），*C. piscicola* CS526（Bac^{+}）変異株発酵乳清粉末添加区（■）．矢印は検出限界未満を示す．

作り，長時間にわたる効果の持続を示している．

一般にバクテリオシンは，標的細菌の細胞膜に吸着し，極めて短時間のうちに小孔を形成し，細胞内の低分子物質の漏出をもたらすことで殺菌作用を示すものが多い[18]．piscicocin CS526 の場合でも，*L. monocytogenes* に対して，溶菌は引き起こさないが，極めて短時間のうちに濃度依存的に殺菌作用を示す（図2·5）[19]．グラム陰性菌では細胞の最外層に存在する外膜が障壁となり，バクテリオシン分子が作用部位である細胞膜まで到達できないことから抗菌効果が発現しない．しかし，EDTA などのキレート剤[20] や界面活性剤との併用，高圧処理[21] やパルス電場[22] などの物理的手法との併用によって外膜に損傷を与えるとバクテリオシンが有効に作用する．

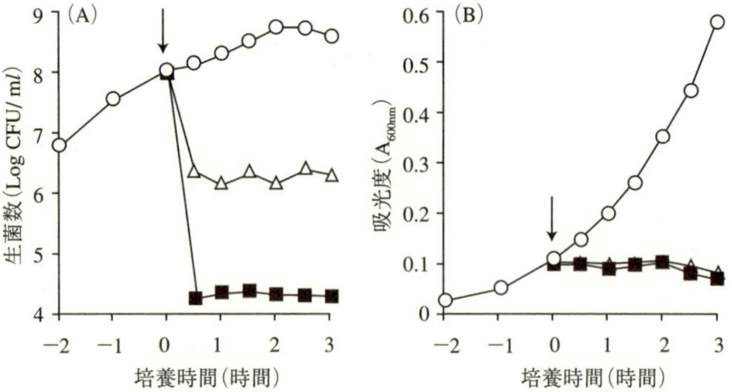

図2·5　Piscicocin CS526 の *L. monocytogenes* の生菌数（A）および吸光度（B）に及ぼす影響．対照（○），10^3AU / m*l*（△）および 10^4AU / m*l*（■）．矢印は，バクテリオシン添加時期を示す．

§6．バクテリオシン耐性株の出現

バクテリオシンの単独使用で長期間保存した場合には制御対象菌が re-growth してしまうことも少なくなく，re-growth した細胞では作用させたバクテリオシンに対する抵抗性を獲得していることが考えられる．これまでに，実際の食品からのバクテリオシン耐性株の分離報告は筆者の知る限り存在しないが，試験管内では容易に作出できることが知られている．そこで，*L. monocytogenes* の piscicocin CS526 に対する耐性獲得頻度を調べたところ，10^{-5}～

10^{-4}の頻度で耐性を獲得することが判明した．この値は，pediocin PA-1での10^{-6}[23]，leucosinsやsakacinでの10^{-4}～10^{-6}[24]とほぼ同程度であった．次に，このpiscicocin CS526耐性*L. monocytogenes*の他の抗菌性物質に対する交差耐性を調べたところ，同じクラスIIaに属するバクテリオシンであるmunditicin KS，enterocin SE-K4およびpediocin Iz.3.13に対しては交差耐性を示したが，クラスIに属するNisin Aに対しては交差耐性を示さず，また各種抗生物質（11種類）および食品に使用される抗菌性物質（32種類）では耐性菌と親株の間で最少発育阻止濃度に差はなかった．Mazzottaら[25]も，nisin耐性*L. monocytogenes*および*Clostridium botulinum*の食品用抗菌物質に対する交差耐性について調べ，nisin耐性株の各種抗菌物質に対する感受性が親株のそれと同等であることを示している．したがって，現在のところ，たとえバクテリオシン耐性菌が出現したとしても他の食品に一般的に使用される抗菌性物質での制御が可能といえる．なお，バクテリオシンとの併用で相乗効果のある有機酸など他の抗菌物質や高圧処理などの物理的手法を使うことにより長期間にわたる抑制効果が維持されることで耐性菌の出現が抑制される場合が多い．

以上のように，水産発酵食品およびその製造原理には，巧妙に微生物の働きを利用した風味の醸成技術や保存性の付与機構が隠されている．しかし，現在の水産発酵食品の一部ではこの優れた微生物による働きを敢えて利用せず，その他の方法で食品の風味や保存性を付与しているものが見受けられる．バイオプリザベーションは，古来より経験と知恵により培われた発酵食品における食品保蔵技術であり，その理論を現代の水産食品にフィードバックできれば水産食品の安全性確保に貢献できるはずである．しかし，生鮮魚介類の変敗に関わる微生物の大半はグラム陰性菌である．現在までのところグラム陰性菌に対して極めて有効なバクテリオシンの報告は少ない．したがって，今後，水産食品の安全性を確保するためには，グラム陰性菌に有効なバクテリオシン産生菌の探索とその作用機構などについても十分に検討する必要がある．また，バクテリオシンの利用にあたっては，耐性菌の出現，食品成分による拮抗作用，安全性の評価など様々な問題点も存在するため，今後，これらの問題点を解決していかねばならないだろう．

文　献

1）T. Fujii, Y-C. Wu, T. Suzuki, and B. Kimura: Production of organic acids by bacteria during the fermentation of squid shiokara, *Fish. Sci.*, 65, 671-672（1999）.

2）藤井建夫：塩辛・くさや・かつお節，恒星社厚生閣，1992，pp.9-29.

3）山本竜彦・西村（館山）朋子・山崎浩司・川合祐史・猪上徳雄：水産食品における *Listeria monocytogenes* の消長，日本食品微生物学会誌，21，254-259（2004）.

4）T. Fujii, N. Saito, T. Ishitani, and M. Okuzumi : Presence of antibiotic-producing streptococci in squid sauce during *shiokara* fermentation, *Lett. Appl. Micobiol.*, 14, 115-117（1992）.

5）P.D. Cotter, C. Hill, and R. P. Ross : Bacteriocins: developing innate immunity for food, *Nature Rev.*, 3, 777-788（2005）

6）D.K. Bagenda: Bacteriocin producers and inhibition of *Clostridium botulinum* and *Listeria monocytogenes* in fermented Japanese sea food, Master's Thesis, Hokkaido University, 2006, 66 pp.

7）K. Yamazaki, M. Suzuki, Y. Kawai, N. Inoue, and T.J. Montville : Inhibition of *Listeria monocytogenes* in cold-smoked salmon by *Carnobacterium piscicola* CS526 isolated from frozen surimi, *J. Food Prot.*, 66, 1420-1425（2003）.

8）K. Yamazaki, M. Suzuki, Y. Kawai, N. Inoue, and T.J. Montville : Purification and characterization of a novel class IIa bacteriocin, piscicocin CS526, from surimi-associated *Carnobacterium piscicola* CS526, *Appl. Environ. Microbiol.*, 71, 554-557（2005）.

9）善藤威史・中山二郎・園元謙二：新しい乳酸菌バクテリオシンの探索と利用，バイオサイエンスとバイオインダストリー，61，597-602（2003）.

10）K. Yamazaki, M. Murakami, Y. Kawai, N. Inoue, and T. Matsuda : Use of nisin for inhibition of *Alicyclobacillus acidoterrestris* in acidic drinks, *Food Microbiol.*, 17, 315-320（2000）.

11）K. Yamazaki, T. Yamamoto, Y. Kawai, and N. Inoue : Enhancement of antilisterial activity of essential oil constituents by nisin and diglycerol fatty acid ester, *Food Microbiol.*, 21, 283-289（2004）.

12）A. Weiss and W.P. Hammes : Lactic acid bacteria as protective cultures against *Listeria* spp. on cold-smoked salmon, *Eur. Food Res. Technol*, 222, 343-346（2006）.

13）J. H. Goff, A. K. Bhunia, and M.G. Johnson : Complete inhibition of low levels of *Listeria monocytogenes* on refrigerated chicken meat with pediocin AcH bound to heat-killed *Pediococcus acidilactici* cells, *J.Food Prot.*, 59, 1187-1192（1996）.

14）S.M. Morgan, M. Galvin, R.P. Ross, and C. Hill : Evaluation of a spray-dried lacticin 3147 powder for the control of *Listeria monocytogenes* and *Bacillus cereus* in a range of food systems, *Lett. Appl. Microbiol.*, 33, 387-391（2001）.

15）T. Azuma, D. K. Bagenda, T. Yamamoto, Y. Kawai, and K. Yamazaki : Inhibition of *Listeria monocytogenes* by freeze-dried piscicocin CS526 fermentate in food, *Lett. Appl. Microbiol.*, 44, 138-144（2007）.

16）A. G. Scannell, C. Hill, R. P. Ross, S. Marx, W. E. Hartmeier, and K. Arendt:

Development of bioactive food packaging materials using immobilised bacteriocins lacticin 3147 and nisaplin, *Int. J. Food Microbiol.*, 60, 241-249 (2000).
17) R.O. Benech, E.E. Kheadr, C. Lacroix, and I. Fliss : Antibacterial activities of nisin Z encapsulated in liposomes or produced in situ by mixed culture during cheddar cheese ripening, *Appl. Environ. Microbiol.*, 68, 5607-5619 (2002).
18) G.N. Moll, W.N. Konings, and A.J.M. Driessen : Bacteriocins : mechanism of membrane insertion and pore formation, *Antonie van Leeuwenhock*, 75, 185-198 (1999).
19) M. Suzuki, T. Yamamoto, Y. Kawai, N. Inoue, and K. Yamazaki : Mode of action of piscicocin CS526 produced by *Carnobacterium piscicola* CS526, *J. Appl. Microbiol.*, 98, 1146-1151 (2005).
20) K.A. Stevens, B.W. Sheldon, N.A. Klapes, and T.R. Klaenhammer: Nisin treatment for inactivation of *Salmonella* species and other gram-negative bacteria, *Appl. Environ. Microbiol.*, 57, 3613-3615 (1991).
21) E. Rodorigues, J.L. Arques, M. Nunez, P. Gaya, and M.Medina: Combined effect of high-pressure treatments and bacteriocin-producing lactic acid bacteria on inactivation of *Escherichia coli* O157:H7 in raw-milk cheese, *Appl. Environ. Microbiol.*, 71, 3399-3404 (2005).
22) M. Terebiznik, R. Jagus, P.M.S. Cerrutti, de Huergo, and A.M. Pilosof : Inactivation of *Escherichia coli* by a combination of nisin, pulsed electric fields, and water activity reduction by sodium chloride, *J. Food Prot.*, 65, 1253-1258 (2002).
23) A. Gravesen, J. A. M. Axelsen, J. Mendes, T. B. Hansen, and S. Knochel : Frequency of bacteriocin resistance development and associated fitness costs in *Listeria monocytogenes, Appl. Environ. Microbiol.*, 68, 756 764 (2002).
24) D.A. Dykes, and J.W. Hastings : Fitness costs associated with class IIa bacteriocin resistance in *Listeria monocytogenes* B73, *Lett. Appl. Microbiol.*, 26, 5-8 (1998).
25) A. S. Mazzotta, K. Modi, and T. J. Montville : Nisin-resistant (Nis^r) *Listeria monocytogenes* and Nis^r *Clostridium botulinum* are not resistant to common food preservatives, *J. Food Sci.*, 65, 888-890 (2000).

3章　食品微生物の遺伝子手法を用いた検査法

高　橋　　肇*・木　村　凡*

近年，大規模な食中毒が頻発し，食の安全性への関心が高まる一方，消費者の食生活の変化によって，より美味しく簡単に食べられるいわゆるready-to-eat食品の消費も拡大している．消費者のニーズは，安全性を絶対的に確保しつつ，レトルト食品のような強い加熱殺菌を行わず，かつ保存料などの添加物をなるべく使わない商品へと変化しつつある．このような食品を供給する上で，微生物的危害を低減するには，原料から生産，流通に至るまで，徹底した管理が必要である．

特定の食品を生産する大規模な食品会社では，Hazard Analysis Critical Control Point（HACCP）が導入され，微生物的危害に関しても生産に関わる各段階でhazard analysisが行われている．これに伴い微生物検査の頻度や重要性も増してきている．微生物の検出や同定はこれまで，そのほとんどが培養法に基づき行われてきた．食品のような雑多な菌群中から特定食中毒菌を検出するには，増菌培養，選択培養，鑑別試験，確定試験をそれぞれの食中毒菌に対して行わなければならず，1週間以上の時間を要すものも少なくない．そのため，食品会社における従来からの培養法を用いた微生物検査には現実に即していない点も多々見受けられる．

近年，分子生物学の発展，特にPCR法の開発は，微生物の検出法・同定法，さらには微生物の属，種の分類に至るまで大きく変えつつある．分子生物学的手法は微生物の検査に必須であった「培養」というステップを必ずしも要求せず，迅速性という点で培養法に比べ優位である．そのため，食品製造の現場にもこれら手法の導入が進みつつあり，今後も微生物の検査法としてだけではなく，食品の安全性評価法としても大いに期待できる方法である．

本章では，食品関連微生物の遺伝子手法を用いた検査法について最近の技術をまとめ，筆者らが取り組んだこれら手法の応用例，解析事例についても述べ

* 東京海洋大学海洋科学部

たいと思う.

§1. 微生物の迅速検出法

PCR法を用いた微生物の検出は，対象の微生物だけがもつ遺伝子を検出することで行われている．これまでにほとんどの食中毒菌で，毒素遺伝子や病原性に関与する遺伝子などを標的としたプライマーが開発され，検出方法が確立している．しかしながら，分子マーカー（その菌だけがもつ特定の遺伝子配列）が見つけにくい菌群については，検出法の確立していないものも多い．また，対象菌別にそれぞれ分子マーカーが異なるため，数菌種以上の同時検出が困難であるという点が課題である.

また，PCRに増幅された遺伝子産物を定量するための装置を組み合わせたリアルタイムPCR法も近年普及し，食中毒菌の食品中における菌数が迅速に把握できるようになった．この方法は，単に食品中に存在する食中毒菌の有無がわかるだけではなく菌数が把握できるため，雑多な菌が混在する食品中において目的の菌を追跡することも可能である．したがって，これらの技術は，食品の流通時や貯蔵時における安全性の評価実験にも応用可能であると考えられる．本節では一般的な病原菌の定量方法，および食品へ食中毒菌を接種した際の増殖モニタリングへの応用例について紹介する.

1･1　腸炎ビブリオ菌のリアルタイム定量PCR

食品中の一般的な食中毒菌のリアルタイム定量PCR法については，これまでに数多くの方法が報告され，さらに食品中に存在している一般菌数の定量法も開発されている[1)]．ここでは水産食品に深くかかわる腸炎ビブリオ菌のリアルタイムPCR法について述べる.

腸炎ビブリオは海洋性の細菌で，一般的には刺身や水産加工品などに付着増殖し，食中毒を引き起こすことで知られている．本菌については，2001年より食品中の成分規格として「製品1 gあたり腸炎ビブリオ最確数100以下」と定められたため，これを食品製造の現場で検査する場面が多くなっている．腸炎ビブリオの中で病原性をもつ株（＝食中毒を引き起こす株）は非常に少なく，病原性のある株を環境や食品などから分離するということは困難である．全体の腸炎ビブリオ菌数に対する病原株の割合については報告も少なく，その値もまちまちであるため，はっきりしたことはわかっていないが，おおむね腸炎ビブリオが1,000 cellsあったときに病原株が1 cellあるかないかというレベルである．そのため，食品1g当たり，全体の腸炎ビブリオの菌数が100 cells未満であれば，その中に病原性の株が入るということは確率的に少ないだろうということで基準が設けられている．

腸炎ビブリオのリアルタイム定量PCR法としては，本菌の病原因子である耐熱性溶血毒（*tdh*）を標的としたPCR法がすでに確立しているが[2)]，ここでは，前述の理由により，総腸炎ビブリオ数を定量するニーズに合わせ筆者（高橋）らが開発したリアルタイムPCR法を紹介する[3)]．一般的な食中毒菌の検出にはその菌のもつ病原因子がPCR増幅の標的遺伝子として選ばれることが多いが，本PCRでは先の理由により，病原性の有無にかかわらず存在している*toxR*遺伝子を標的としている．*toxR*遺伝子は*Vibrio*属に広く保持されている調節遺伝子であるが，これは染色体上に株の病原性にかかわらず1コピー保持されていると考えられている．プライマー，プローブの位置は腸炎ビブリオに

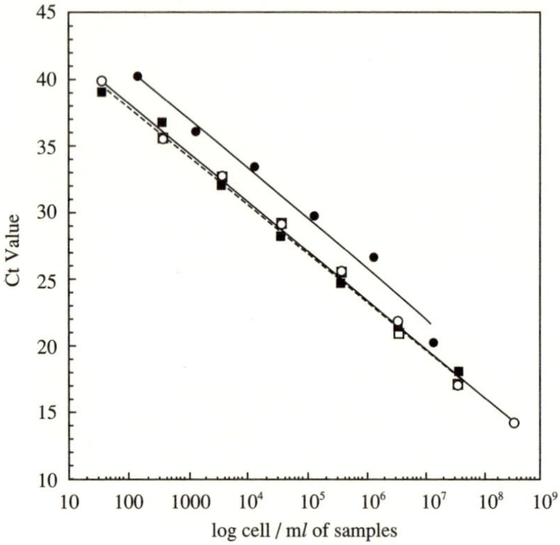

図3·1　腸炎ビブリオを海水，アサリ，ムール貝に接種して得られた検量線[3)]
ムール貝はDNA抽出効率が他のサンプルと異なったが，どのサンプルにおいてもPCRにおいてシグナルが検出されたサイクル数（Ct）と接種した菌数の間には高い相関が得られた．
○：培養液，□：海水，■：アサリ，●：ムール貝

特異的な部分を多数の*toxR*遺伝子のアライメントから探し出し，他のビブリオ属にはPCR反応が起こらぬよう特異的な部分に作成している．本菌培養液を段階希釈しDNAを抽出，図3·1のように腸炎ビブリオ数とPCRにより検出可能なサイクルをプロットしたところ，高い相関係数が得られた．検出感度は食品1g当たり10^2 cellsレベルであり，食品にそのまま用いても，成分規格である100 MPN / gの検査に用いることが可能であると考えられた．また，実際のサンプルを用いた解析により，従来の培養法と同等の結果が得られることも確認している．検出時間は，従来の培養法では数日を要していたのに対し，わずか数時間であり，食品原材料のチェックやリスク評価のためのモニタリング手法として，今後期待がもてると考えている．

1·2　リアルタイムPCRを用いたボツリヌス菌のリスク評価法

もう一方のリアルタイムPCR法の応用例であるが，こちらはボツリヌス菌のリアルタイムモニタリングである．冒頭にも述べたが，自然な素材の風味を生かしできる限り食品添加物の少ない食品へと，消費者の食品に対する嗜好は変化してきている．そのため，これまでレトルト食品として常温流通していた食品の殺菌条件を緩和し，チルド流通を行う食品（低減加熱・チルド食品）が急速に増加している．従来，レトルト条件で殺菌していた食品の加熱条件を若干緩和する場合，ボツリヌス菌などの耐熱性の胞子を形成する菌の生残を前提として流通せざるを得ず，食品業界の新たな危害菌として国際的に懸念されている．製造工場における重要管理点という点では，殺菌温度管理の1点に集約されているが，低減加熱チルド食品では流通時におけるリスク制御が重要となる．ボツリヌス菌胞子の生残を仮定した製品が流通時にもっとも悪い温度管理不備下（ワーストケースシナリオ）におかれた場合にどのようなリスクがあるのかという点について検討を行うには，各食品におけるボツリヌス菌の増殖の予測が重要になってくる[4)]．筆者らは10年程前より鮮魚を中心とした生鮮魚介類や水産加工食品の包装化にともなう微生物学的リスク評価研究に取り組んできた．ボツリヌス菌のリスク評価法として一般的に行われているのはマウスアッセイ法であるが，動物実験にともなう倫理的な問題や施設の必要性と操作の煩雑性が問題となっている．低減加熱食品は飛躍的に増加傾向にあり，ボツリヌスのリスク評価試験ニーズがあるにもかかわらず，設備および技術上の理由で，ほとんど対応ができていないのが実情である．

筆者らは，TaqMan法を用いたリアルタイム定量PCR法により，多様な腐敗菌のなかからボツリヌス菌のみを選択的に定量する技術の開発に取り組み，種々の食品中におけるボツリヌス菌の挙動をモニタリングする技術を確立した[5, 6]．この手法の完成により，図3･2に示すように，鮮魚やレトルトではない無菌化米飯などの低減加熱食品にボツリヌス菌を接種したあとの挙動の追跡など，培養法では今まで評価が難しかった解析を迅速，簡便に行うことが可能となっている．

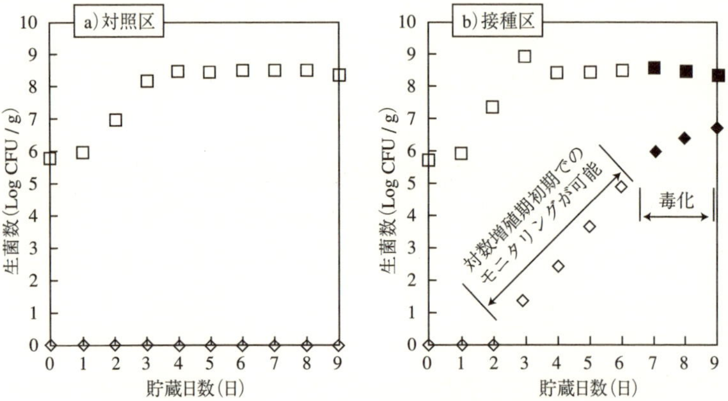

図3･2　魚肉（マアジ）のフィレーにボツリヌス菌を5×10² CFU植菌し，10℃で貯蔵した際の本菌の増殖[5)]
□：一般生菌数
◇：リアルタイムPCRにより定量したボツリヌス菌数

§2．遺伝子手法を用いた微生物の迅速同定・タイピング法

微生物の同定法に関しては，現在，分子マーカーとしていくつかの遺伝子が用いられており，この配列に基づき行われることが多い．この場合，特定菌を検出する場合と異なり，全ての生物種に共通に存在する遺伝子，リボゾーマルRNA遺伝子（rDNA），ジャイレース遺伝子（*gyr*）などを用いることが多く，これら遺伝子のデーターベースも充実している．リボゾーマルRNAはタンパク質合成に関与する細胞内小器官リボゾームを構成しており，構造上も機能上

も生物種による相違が少ない核酸物質である．細菌は16S rRNA，23S rRNA，5S rRNAの3つのリボゾーマルRNAをもち，これらは染色体DNA上に1つのオペロンとして多コピー存在している．このうち16S rRNAの塩基配列を用い，Wooseら[7]は細菌界の系統樹を作成し，これまでの表現形質に基づく分類法では解決し得なかった細菌種間の類縁関係を明確に表現した．現在，これは細菌の系統学的位置や相同性の比較に広く用いられるようになっている．しかしながらすべての場合について，これら種のマーカーとなる遺伝子の配列を決定し，相同性を比較するのは，コスト的にも操作的にも導入し易いとはいえない．そこで，遺伝子配列の違い（多型）を検出することで，その遺伝子の型分けを行うタイピング法が開発された．同種内において配列がよく保存されている16S rDNAを対象に多型を解析した場合，得られた遺伝子型は原理的には種を反映し，群分けもしくは同定に用いることができるが，その解像度は多型の解析法によって異なる．現在，特定遺伝子（ある程度の領域を限定したもの）のタイピング法としては，RFLP（Restriction Fragment Length Polymorphism），SSCP（Single Strand Conformation Polymorphism），DGGE（Denaturing Gradient Gel Electrophoresis），TGGE（Temperature Gradient Gel Electrophoresis）などが多く用いられている．RFLPは16S rDNAなどの特定領域をPCRによって増幅した後，特定塩基配列を認識して切断する制限酵素で処理を行い，切断されたDNA断片を電気泳動で分離し，そのパターンを解析するものである．この方法は比較的簡便であり，再現性が高いため，細菌の群別法として広く用いられているが，使用する制限酵素の種類によっては近縁な菌種を分けることが困難であり，群別の精度を高めるために複数の酵素を用いる必要がある．SSCPは特定領域をPCRで増幅した後，熱変性によりDNAを一本鎖化し，この一本鎖がとる立体構造をポリアクリルアミドを用いた電気泳動で検出するものである．細菌を本法で群別する場合は，菌種により異なる配列をもつ16S rDNA中の多型領域を対象に行う場合がほとんどである．SSCPで異なる移動度をもつDNA断片は立体構造が異なっている，すなわち配列が異なっていることを意味するが，同じ移動度をもつDNA断片は必ず同じ配列であるとはいえず，現段階では各種条件検討が必要である．同様にDGGEやTGGEも多型領域を対象とし，DNA変性剤の濃度勾配をつけたゲルもしくは温度勾配をつけたゲル中で泳動することにより，DNAが解離し，立体構造をとるため生じる移動度の差を検出するものである．菌種により異なる配列をもつDNA断片は，それぞれゲル中での解離する位置や泳動中の立体構造が異なるため，菌種別に異なった位置にバンドが検出される．また，本法は1菌種当たり1バンドとして検出されるため，微生物相の解析に適していると考えられる．

筆者らの研究室では，微生物の同定は基本的に16S rDNAの配列をデーターベースと比較することで行っているが，多くの検体を処理する場合や，フローラの解析には上記のタイピング手法を多用している[8－10]．本節ではその応用例の一部として水産食品に深く関係しているヒスタミン生成菌のタイピング事例を紹介する．

2･1　ヒスタミン生成菌の遺伝子タイピングによる同定法

水産食品では特に赤身の魚，もしくはそれを原料とする加工品においてアレルギー様食中毒が発生している．これは，原料魚中に混入したヒスタミン生成菌が魚肉中のアミノ酸を脱炭酸しヒスタミンを蓄積することにより生じる．ヒスタミンを生成する細菌はこれまでに数種類が知られており，海洋性のもの，腸内細菌に分類されるものと由来も様々である．この食中毒を防止するには，原料に混入したこれらの細菌をヒスタミンが蓄積する前の段階で検出する必要がある．また，ヒスタミンは加熱に強く，缶詰などで食中毒がおきた場合，原因を追究するのは困難である．そこで，この研究ではこれらヒスタミン生成菌について，ヒスタミン生成菌がもつ，ヒスチジン脱炭酸酵素遺伝子（*hdc*）をPCRの標的遺伝子とし，これをPCRで検出することにより，鮮魚体表や海水などからヒスタミン生成菌を直接検出する方法を検討した．また，ヒスタミン生成菌の種類によって異なっている*hdc*の塩基配列の違いを明らかにし，この違い（多型）をSingle Strand Conformation Polymorphism（SSCP）法を用いて解析することで，魚肉中より直接ヒスタミン生成菌を検出すると同時に菌種の同定も可能にするシステムを確立した[10]．図3･3にはよく知られているヒスタミン生成菌のSSCPバンドパターンを示す．*hdc*の配列解析の結果，ヒスタミン生成菌の*hdc*配列は菌種により配列がある程度決まっており，16S rDNAの塩基配列による微生物同定と同様に，菌種の同定に用いることが可能であることが研究の過程で明らかとなった．SSCPは塩基配列を反映したバンドパターンを示すため，バンドパターンの違いにより同定が可能であると考えた．当研究室では，BioNumericsというバンドパターンの解析ソフトを用い，ヒスタミン生成菌同定用データーベースを構築し，このソフトによりバンドパターンを照合，同定を行えるシステムも構築している[11]．

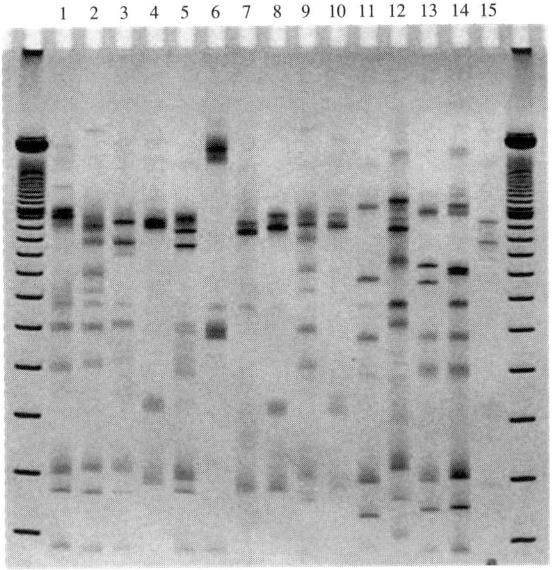

図3･3　代表的なヒスタミン生成菌の*hdc*遺伝子のSSCP解析結果．
1～6レーン：*Morganella morganii*, 7～8：*Enterobacter aerogenes*, 9～10：*Raoultella planticola*, 11：*Proteus vulgaris*, 12：*Erwinia* sp., 13～14：*Photobacterium damselae*, 15：*P. phosphorum*.
代表株のバンドパターンとの比較により，サンプル由来のヒスタミン生成菌の同定が可能．

§3．食中毒菌の株識別法

大規模な感染症や菌の汚染ルートを調べるには，種レベルの群別，同定よりさらに精度の高い株レベルでの解析が必要である．このような株レベルの判別を行うには，細菌のもつ全DNAを対象として解析を行う場合がほとんどで，そのタイピング法としてはPFGE（Pulse-field Gel electrophoresis），RAPD

(Random Amplification of Polymorphic DNA)，REA（Restriction Enzyme Analysis)，AFLP（Amplified Fragment Length Polymorphism）などが報告されている．PFGEは全ゲノムを制限酵素で切断し，高分子量のDNA断片を電場の向きを連続的に変えられる特殊な泳動層で分離するもので，再現性が高いため，細菌の株タイピング法として広く用いられている．RAPDはPCRを用いた全ゲノム対象のタイピング法で，通常のPCRのように特異性をもったプライマーを用いるのではなくプライマーをゲノムにランダムにアニーリングさせ，ランダムに増幅されてきたDNA断片を解析するものである．極めて簡便に行うことができる反面，再現性に問題がある場合もある．AFLPは最近になって開発された手法で，制限酵素による処理とPCRによる切断断片の増幅を組み合わせており，再現性にも操作的にも期待がもてるが，いまだ応用例は少ない．

これらタイピングの手法は，基本的に切断，もしくは増幅したDNAのフラグメント解析であり，再現性や操作の煩雑度などに差はあるものの，共通の欠点をもっている．それは，フラグメント解析であるため，電気泳動の状態などによって結果が微妙に異なり，他の研究者とのデーター共有が困難であるという点である．また，切断，もしくは増幅した同一サイズのフラグメントが同一遺伝子とは限らず，本来の種の系統関係を解析する技術としては最適ではないことがあげられる．

上記のようなフラグメント解析の欠点を補うために，最近，株の識別にはMulti Locus Sequencing Typing（MLST）法が急速に普及しつつある．本手法は，複数の遺伝子領域（通常7領域以上）のそれぞれ400塩基程度の配列を決定し，それらをもとに菌のタイピングや系統関係を解析する方法である．各遺伝子の配列そのものから系統樹を書くのではなく，各遺伝子の配列の差異をグループ化して，そのグループ番号から系統樹を作成する．菌株ごとに複数遺伝子の配列の差異をパターン化してアレルに分別を行うことにより，PFGE法以上の解像度での株識能が可能となる．MLSTの最大の利点は遺伝子配列情報に基づくため，結果がデジタルであることがあげられる．PFGE法などは最終的に人間の視覚によってバンド位置を決定するため，主観が入る可能性があるが，MLST解析は遺伝子配列情報に基づくものであるので，いずれの研究室で

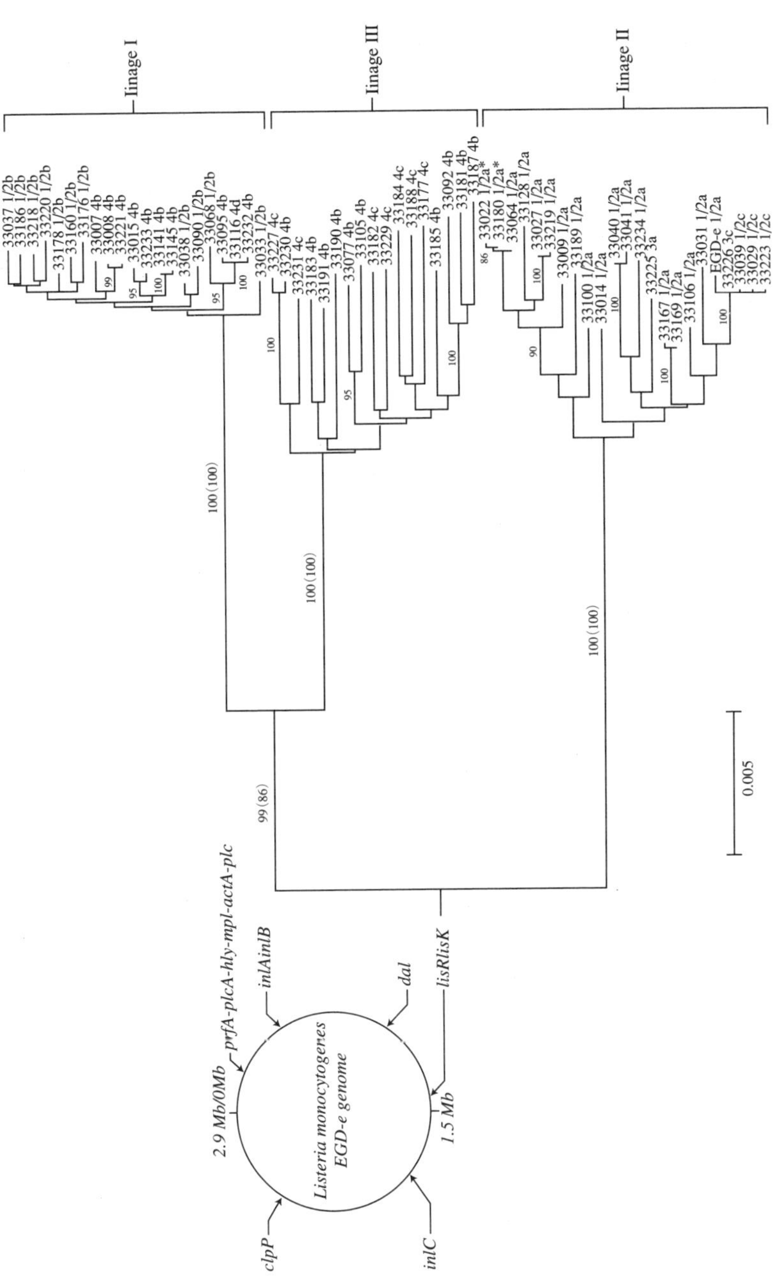

図3·4　*L. monocyotogenes* の病原遺伝子（prfA Virulence Gene Cluster）を用いたMLST解析[13]．

行ってもデーターの比較がしやすく大きな利点となる．そのため，文字列としてデーターベースに登録しやすく，複数の研究機関で株データーを共有するのに適している．本技術は，すでに多くの食中毒菌や病原菌で活用され始めている．

3·1　リステリア菌のDNAタイピング

当研究室では，近年ready-to-eat食品における危害菌として注目されているリステリア症の原因微生物であるリステリア菌について，その汚染源や分布状況の解析に本手法を用いている．本菌は動植物をはじめ自然界に広く分布しており，欧米においては，牛乳，チーズ，野菜，食肉などの食品を介して集団食中毒の発生が多数報告されている．わが国におけるリステリア菌の分布状況については，研究が進められているところであるが，日本独自のready-to-eat食品である水産加工品，刺身や魚卵などにおいて本菌が分布していることが明らかとなっている[12]．

Wardら[13]は，病原遺伝子であるhlyAや腸管上皮細胞侵入後のアクチン重合に関与する病原遺伝子actAなどの遺伝子を用いてMLST解析を行い，リステリア菌をlineage I，lineage II，lineage IIIの3つのlineageに分類している（図3·4）．lineage Iは食品からも分離されることもあるが，主にヒトからの分離株が分類され，血清型4b，1/2b，3bなどが含まれること，また，lineage IIは主に食品から分離され，血清型1/2a，1/2cなどが含まれ，lineage IIIは主に動物から分離され，血清型4a，4cなどが含まれることが報告されている．以上のように，本菌についても株識別や国際的なデーター交換にMLST法は用いられており，今後，わが国の食品分離株についても本手法による解析がすすむことが期待される．

文　献

1）H. Takahashi, H. Konuma and Y. Hara-Kudo : Development of a quantitative real-time PCR method to enumerate total bacterial count in ready-to-eat fruits and vegetables, *J. Food Protect.*, 69, 2504-2508 (2006).

2）G. M. Blackstone, J. L. Nordstrom, M .C. Vickery, M. D. Bowen, R. F. Meyer, and A. DePaola : Detection of pathogenic *Vibrio parahaemolyticus* in oyster enrichments by real time PCR, *J. Microbiol. Methods*, 53, 149-155 (2003).

3）H. Takahashi, Y. Iwade, H. Konuma, and Y. Hara-Kudo : Development of a quantitative real-time PCR method for estimation of the total number of *Vibrio parahaemolyticus* in contaminated seawater and shellfish, *J. Food Protect.*, 68, 1083-1088（2005）.

4）Y. Kasai, B. Kimura, S. Kawasaki, T. Fukaya, K. Sakuma, and T. Fujii:Growth and toxin production by *Clostridium botulinum* in steamed rice aseptically packed under modified atmosphere, *J. Food Prot.*, 68, 1005-1011（2005）.

5）B. Kimura, S. Kawasaki, H. Nakano, and T. Fujii: Rapid quantitative PCR monitoring of growth of *Clostridium botulinum* type E in modified atmosphere -packaged fish, *Appl. Environ. Microbiol.,* 67, 206-216（2001）.

6）Y. Kasai, B. Kimura, Y. Tajima, and T. Fujii : Quantitative duplex PCR of *Clostridium botulinum* types A and B neurotoxin genes, *Shokuhin Eiseigaku Zasshi,* 48, 19-26（2007）.

7）C. R. Woose : Bacterial evolution, *Microbiol. Rev.*, 51, 221-271（1987）.

8）H.Takahashi, B.Kimura, M. Mori, and T. Fujii: Analysis of bacterial communities in Kusaya gravy by denaturing gradient gel electrophoresis of PCR-amplified ribosomal DNA fragments, *Japan. J. Food Microbiol.*, 19, 179-185（2002）.

9）H. Takahashi, B. Kimura, M.Yoshikawa, S. Gotou, I. Watanabe, and T. Fujii：Direct detection and identification of lactic acid bacteria in a food processing plant and meat products using denaturing gradient gel electrophoresis, *J. Food Protect.*, 67, 2515-2520（2004）.

10）H. Takahashi, B. Kimura, M Yoshikawa, and T. Fujii：Cloning and sequencing of the histidine decarboxylase genes of gram-negative, histamine-producing bacteria and their application in detection and identification of these organisms in fish, *Appl. Environ. Microbiol.*, 69, 2568-2579（2003）.

11）H. Takahashi, M. Sato, B. Kimura, T. Ishikawa, and T. Fujii : Evaluation of PCR single-strand conformational polymorphism analysis for identification of gram-negative histamine-producing bacteria isolated from fish, *J. Food Protect.*, 70, 1200-1205（2007）.

12）S. Handa, B. Kimura, H. Takahashi, T. Koda, K. Hisa, and T. Fujii: Incidence of *Listeria monocytogenes* in raw seafood products in Japanese retail stores, *J. Food Protect.*, 68, 411-415（2005）.

13）T. J. Ward, L. Gorski, M. K. Borucki, R. E. Mandrell, J. Hutchins, and K. Pupedis: Intraspecific phylogeny and lineage group identification based on the *prfA* virulence gene cluster of *Listeria monocytogenes, J. Bacteriol.*, 186, 4994-5002（2004）.

Ⅱ. 増養殖における微生物利用と制御

4章　魚病原因微生物とその防除の考え方

川　合　研　児*

わが国の養殖界では，毎年のように新たな魚病が見られるという状況が相変わらず続いているが，魚病に対する養殖業者あるいは行政の対処法は，発生した魚病への対策から病気の発生を未然に防ぐ対策へと変わりつつある．その理由として，養殖用種苗を多量に入手することの困難や水産業全体の経済活力の低下という背景のもと，養殖業界ではコスト削減の努力が強いられている現状がある．もう1つの理由は，消費者から安心・安全な養殖魚の生産が求められていることである．したがって，病魚に対して以前のようには多量・多種類の投薬が行われなくなった．しかし，病気の発生は相変わらず多く，投薬の効率化，ワクチンの実用化，あるいは耐病性種苗の生産など，魚病を克服するための努力や開発研究が行われている．ここでは，近年の魚病発生の特徴をまとめるとともに，効果的な防除法に関する研究とその考え方を述べる．

§1. 近年の魚病の特徴

新規の病気の発生は，前述のように昔から繰り返されていることでもある．近年では，1995年頃から日本海沿岸で発生し，日本海沿岸のヒラメの資源にも影響があることが危惧されているネオヘテロボツリウム症[1)]，1997年頃から九州で発生が見られるようになったトラフグの粘液胞子虫性やせ病[2)]，アサリに被害を及ぼす2種類のパーキンサス症[3, 4)]，コイヘルペスウイルス病[5)]，*Streptococcus dysgalactiae*を原因細菌とするブリ類のいわゆる“新型”連鎖球菌症[6)]，イサキなどで発生する細胞内寄生細菌*Francisella*感染症[7)]，これまでに知られているブリ・カンパチで発生するものとは異なるヒラメの連鎖球菌症[8)]など，種々の病原体の感染症が報告されてきた．

---

* 高知大学農学部

これら近年に報告される魚病の発生傾向として，種苗の移入・輸入に伴う病気の移動が目立つようになったことがあげられる．とくに，比較的南方系の病原体が日本国内にも蔓延する兆候が見られる．ハダムシ症といわれているものには通常2種類あるが，そのうちネオベネデニア症は*Neobenedenia girelale*を原因とする体表寄生虫の病気で，以前から日本で知られていた*Benedenia seriolae*と比較すると，ブリよりもやや温水性を好むカンパチに多く寄生し，*B. seriolae*の寄生が知られていないトラフグやヒラメなどにも見られるなど，寄生宿主となる魚種の範囲も広い．本寄生虫はわが国では1991年に初めて確認されたが，その後の調査により中国産のカンパチ種苗に付着して持ち込まれたものとされている[9]．2005年に中国福建省から輸入された養殖種苗カンパチでは，胃壁に多量のアニサキス感染が見られたが，この虫はヒトに病害性を示す*Anisakis pegreffii*近似種とされることから[10]，出荷禁止の措置がとられた．逆に，日本から病気が広がった例としてアメリカガキのMSX病がある．本病は1950年代後期以降アメリカ西海岸で大きな被害を出してきたが，病原体の*Haplosporidium*原虫は，日本から移入したマガキに付随して現地に入り蔓延したものと推定されている*．人為的に病害を拡散する事例が多くなったとともに，気候変動と海洋生物の大量死との関係や[11]，地球温暖化による熱帯寄生虫の北方への分布拡大の懸念[12]が論じられているように，近年の地球規模の温暖化は魚病の発生や拡散にも影響があると考えられている．

§2．宿主の感受性と病気の広がり

次に，病原体と宿主の関係について考えてみよう．ある水域で新しい病気が認められた当初には，限定された魚種の特定の成長段階で，さらに限られた季節に発生する場合が多いが，その後年数を経るに従い魚種・季節の範囲が広がる傾向が普遍的に認められる．表4·1および表4·2はマダイイリドウイルス病と類結節症（パスツレラ症）の発生が認められた魚種について，年代別にまとめたものである．年を経るに従って，感染する魚種が増えることが明瞭に示さ

---

* E. M. Burreson : Molecular evidence for an exotic pathogen : Pacific origin of *Haplosporidium nelsoni*（MSX），a pathogen of Atlantic oysters. In : M. Pascoe（ed.）. 10th International Congress of Protozoology, Programme & Abstracts, p. 62.（1997）.

表4·1　マダイイリドウイルス病の発生が認められた魚の種数の変遷*

発生年	1990	91	92	93	94	95	96	97	98	99	2000
魚種数	1	7	8	7	15	17	17	18	16	20	20

* 井上　潔・山野恵祐・前野幸男・中島員洋・松岡　学・和田有二・反町　稔：魚病研究，27，19-27（1992）；松岡　学・井上　潔・中島員洋：魚病研究，31，233-234（1996）；川上秀昌・中島員洋：魚病研究，37，45-47（2002）をとりまとめた

表4·2　類結節症（パスツレラ症）の発生が認められた魚種と年*
（病原細菌：*Photobacterium damselae* subsp. *piscicida*）

発表年	魚種	報告者
1970	ブリ	久保田ら
1977	クロダイ	Muroga *et al.*
1983	マダイ	安永ら
1884	ウマヅラハギ	安永ら
1990	キジハタ，アユ	植木ら，松岡ら
1991	イソギンポ	浜口ら
1992	シマアジ	Nakai *et al.*
1996	ヒラメ	福田ら
1999	野生メジナ	Kawakami *et al.*

* 若林久嗣・室賀清邦：魚介類の感染症・寄生虫病，恒星社厚生閣，2004，424pp．から抜粋してとりまとめた

れている．一方，爆発的な被害は徐々に減少する傾向もあることから，病原体と宿主の関係はある均衡状態へ向かうと考えられる．

図4·1は宿主魚種の多様化と潜伏感染の病原巣化の1つの考え方を示したものである．発生の当初はその病原体に対する感受性が高い魚種で発病が見られるのが通常である．発病を繰り返すことにより，その水域では病原体の数が増加しまた定着し，感受性が比較的低い魚種に対しても感染の圧力が高まって感染・発病へと進む．また，感受性が不明な多種類の生物の体表や体内では，病原体の増殖と死が繰り返されて病原体の定着（潜伏感染）が起こり，その水域における病原巣としての意味をもつようになる．そして，これらから徐々に病原体が周囲へ供給されて，感受性のある生物に繰り返し感染することで病気の慢性化が起こる．

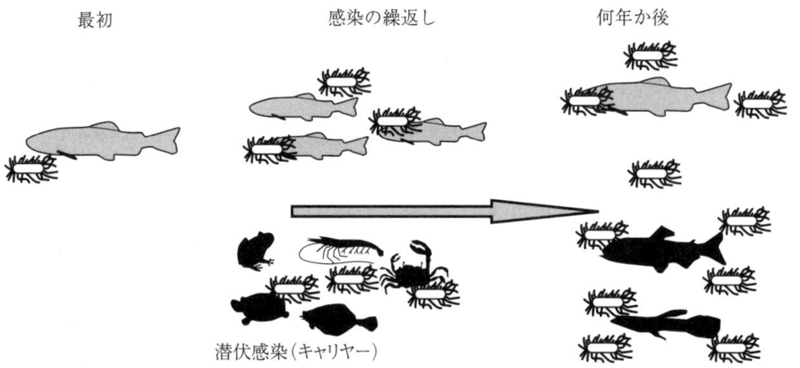

図4･1　病原性と宿主の広がりの概念

§3．薬剤治療に代わる対策

3･1　薬剤耐性菌

以前には薬剤耐性菌の蔓延が各地で見られたが，近年は薬剤の使用が控えられるようになった養殖場や水域では，耐性菌の出現が減少しているようである．これは，次のように考えられる．薬剤が頻繁に使用されると，養殖場周囲の環境水中で耐性菌が増加する．耐性菌は薬剤が使用され，菌の環境中にいくらかの薬剤が残存するところでは，生存条件上感受性菌よりも優位である．しかし，薬剤が使用されず環境中に薬剤が残存しないところでは，同種の感受性菌や他の多くの微生物と比較して必ずしも優位ではなく，競合の結果徐々に数を減少させることになる．ブリの類結節症では，モジャコを養殖場に導入した直後の4月から6月にかけて本症が発生すると，アンピシリンなど抗生物質の投与による治療が行われる．1970年代には投与を重ねるに伴い耐性菌が発生するものの，翌年にモジャコを導入する同じ時期には耐性菌の発生は少なくなっており，再び薬剤がよく効いていた．1980年代になると，毎年薬剤投与を繰り返してきた水域では多剤耐性菌が蔓延して治療が困難な状況となった．しかし，その後使用薬剤の種類や投与計画の指導が行われ，薬剤総量としての使用量が少ない年が長く続いた結果，近年の分離菌はほとんど薬剤感受性である．

ところで，魚が病原細菌に罹病した場合には，人間医学と同様に今後も薬剤の使用は避けられないが，使用量を減少させ適正な使用を図るためには，できるだけ流行予防の対策を進めることが必要である．現実的な魚病の予防法の研究として近年盛んに行われているものとしては，ワクチン開発，プロバイオティクス，免疫賦活剤の開発，耐病性品種の種苗生産などがあげられる．

3·2　プロバイオティクス

プロバイオティクスは乳酸菌や養殖現場から分離された細菌・ウイルスを，病原体との競合あるいは天敵微生物として応用するもので，その研究例の1つとして，Nakamuraらはマガキ飼育水由来細菌がマガキの幼生病原性である*Vibrio*に対して，増殖抑制の効果を見ている[13]．病原細菌の天敵微生物の1つにバクテリオファージがある．古くはサケ科魚類のせっそう病菌をバクテリオファージで撲滅することを目指した研究があったが，1種の菌に対するファージのタイプが予想よりも多かったことで，その後の研究は中断された．しかし，近年にはヒラメ連鎖球菌症やアユ冷水病に対するバクテリオファージ投与の治療・予防効果の研究例があり今後の進展も期待されるが[14]，使用される天敵微生物は他の場所から移入する新たな微生物ではなく，生態系への影響を少なくするためには，もともとその水域に生息していたものを選ぶべきと思われる．

3·3　ワクチンの普及

いくつかの病気に関して実用化され，その効果が現れてきた対策はワクチンの使用である．表4·3は2006年にわが国で承認されている水産用ワクチンの種類を示している．1980年代にアユのビブリオ病ワクチン（浸漬用）が実用化

表4·3　わが国で承認されている水産用ワクチン（いずれも不活化ワクチン）*

魚種	ワクチンの名称	使用法
アユ	ビブリオ病ワクチン	浸漬用
サケ科魚類	ビブリオ病ワクチン	浸漬用
ブリ類	α溶血性連鎖球菌症ワクチン	経口投与用・注射用
ブリ	ビブリオ病ワクチン	浸漬用
ヒラメ	β溶血性連鎖球菌症ワクチン	注射用
マダイ・ブリ類	イリドウイルス感染症ワクチン	注射用
ブリ	α溶血性連打球菌症・ビブリオ病ワクチン	注射用（2種混合）
ブリ類	イリドウイルス感染症・α溶血性連鎖球菌症ワクチン	注射用（2種混合）
ブリ類	イリドウイルス感染症・ビブリオ病・α溶血性連鎖球菌症ワクチン	注射用（3種混合）

* 農林水産省：水産用医薬品の使用について第19報（平成18年1月16日）から

された結果，その後のビブリオ病の発生は激減した．また，2002年頃から西日本でブリ類のα溶血性連鎖球菌症に対するワクチン（経口・注射用）の使用が普及したことにより，本症の発生が顕著に減少した．薬剤の使用量や薬剤耐性菌の出現も少なくなっている．しかし，本ワクチンの普及が進む一方で，細菌*Nocardia seriolae*の感染によるノカルディア症や*Mycobacterium*属細菌によるミコバクテリア症の発生が増えている．これはα溶血性連鎖球菌症に対して効果のあるマクロライド系抗生物質が頻繁に使用されていたことで流行が抑えられていたものが，薬剤を使用しなくなったことで再興したのではないかともいわれている．この点については，かつての流行菌と最近の流行菌とでは遺伝子型が異なるという報告もあり，まだ今後の調査が必要である．

ウイルス病のワクチンはまだ少なく，わが国ではマダイイリドウイルスに対する不活化注射ワクチンのみが実用化されている．しかし，本ワクチンは細胞培養を行ったウイルスを用いるため高価格であることや，現場で発生するウイルスとワクチン製造に用いられるウイルス株の間で，抗原型が一致しない場合があることを懸念する問題も残されている．ウイルス病ではワクチン以外に決定的な対策法があまりなく，栽培漁業センターなどでは，それぞれのウイルス病がよく発生する時期を回避して種苗生産を行ったり（ヒラメのウイルス性表皮増生症），PCR検査などでウイルス非保有が確認された親魚の使用（海産魚のウイルス性神経壊死症）などの方策が行われて，よい結果が見られている．また，病気抵抗性が高い種苗の選抜育種も試みられている．

ワクチンの使用は，上記のような再興病の可能性や，免疫され抵抗性が増した結果感染していても症状がない不顕性感染の魚を生じ，これが感受性の高い魚に対する病原巣となることを危惧する考えは昔からある．しかし，概して世に出たワクチンは好適な結果をもたらしている．多魚種・多病種が特徴ともいえるわが国の増養殖の状況から，当初は単体ワクチンが主流であったが，近年には2種類以上の病気に効果のある混合ワクチンが多く開発されるようになった．なお，弱毒化生菌ワクチンの効果が高いことは研究レベルでは昔から報告されているが[15－17]，ワクチン株に用いたウイルスや細菌が使用現場で病原性を復帰した場合に漁場汚染の可能性があることから，その開発はまだ認められていない．DNAワクチンなどの遺伝子技術を使用したワクチン開発についても，許可の見込は同様に不明である．

細菌の不活化ワクチンについてもいくつかの問題がある．たとえば，ブリ類結節症のワクチン研究の歴史は古いが[18]，未だに実用にかなうものができていない．その最も大きな理由として考えられているのは，本病原菌がそれを貪食した白血球内で生き延びるとされていることで，免疫した魚体内で抗体が産生されたとしても，そのオプソニン*効果によってより効率的に貪食が行われた白血球内で生存もしくは増殖し，逆に体内に菌を拡散させる結果となる可能性が指摘されている[19]．

3･4 病原菌の血清型とワクチン効果

ウナギ，ヒラメ，マダイなどに感染する*Edwardsiella tarda*は，腸内細菌群に属する他の細菌と同様に多くの血清型が報告されている[20]．通常は特異免疫の効果を期待するので，このような菌では血清型に対応する多くのタイプのワクチンが必要である．しかし，Kawaiら[21]は血清型間にまたがって存在する共通抗原を見出し，またその抗原が交差防御性を示すことを明らかにしている．ここでは，魚類ワクチン開発の1例として，血清型によらない共通抗原効果を目指したエドワジェラ症ワクチンの開発研究例を示す．

まず，*E. tarda* EF-1株からSDS法で抽出した外膜タンパク質（OMP）画分をSDS-PAGEで泳動し，37 kDa相当のタンパクバンドを切り出して37 kDa OMPを精製した．これを体重約30 gで各33尾3群のヒラメに腹腔内注射して免疫した．別の33尾には，リン酸緩衝食塩水（PBS）を腹腔内注射した．その4週間後に，EF-1株，HH-1株，V-1株の3株の*E. tarda*で腹腔内注射による感染実験（攻撃試験）を行った．なお，EF-1株は比較的弱毒の株で，HH-1株はEF-1株と同一血清型の強毒株で，V-1株はEF-1とは異なった血清型の強毒株である．攻撃試験の結果，図4･2に示すように，いずれの株の感染でも免疫魚のほうが高い生存率を示した．

次に，37kDa OMPの遺伝子をクローニングし，大腸菌組み込みによりリコンビナントタンパク質を精製した．なお，この37 kDa OMPは塩基配列から，

---

* 病原体など異物の表面に抗体が付着すると，抗体レセプターを細胞表面にもつ白血球は異物をよく貪食する．このように，白血球の貪食を促進する抗体や補体の機能に対してオプソニンの語が用いられる．

Vibrio cholerae，*Salmonella enterica* など他の細菌の glyceraldehyde-3-phosphate dehydrogenase（GAPDH）とは，塩基およびアミノ酸配列の高い相同性を示すことが明らかになっている．ここでは，以下菌体から精製したものを37 kDa OMP，リコンビナント精製したものをGAPDHとする．この2タンパク質をそれぞれヒラメに腹腔内注射で免疫し，強毒株である *E. tarda* V-1

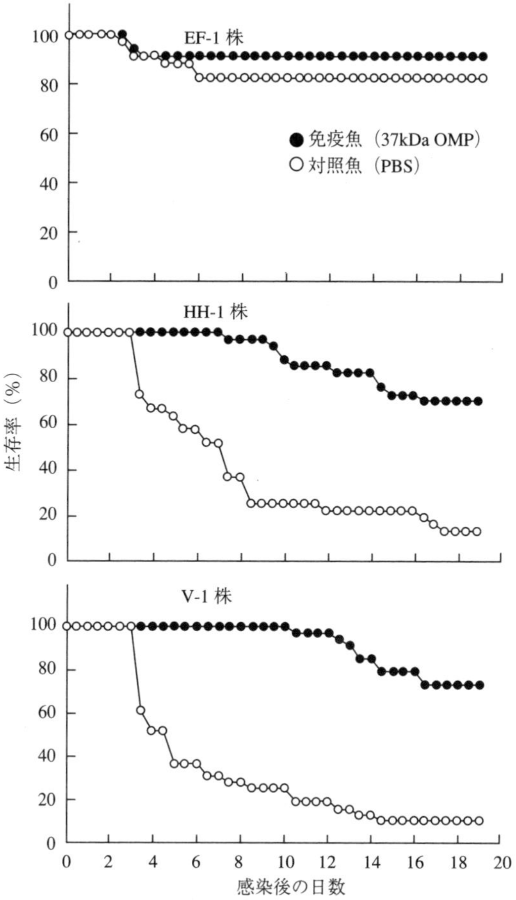

図4･2　*Edwarsiella tarda* EF-1株の37kDa OMPで免疫後，異なった*E. tarda* の菌株で攻撃したヒラメの生存率

株で攻撃したところ，図4･3に示すように，いずれのタンパク質で免疫した場合にも，対照魚よりも高い生存率を示した.

最後の実験例は，*E. tarda* EF-1株の37kDa OMPでヒラメを免疫した後，他の魚病細菌である*Vibrio aguillarum*で攻撃したもので，その結果は図4･4

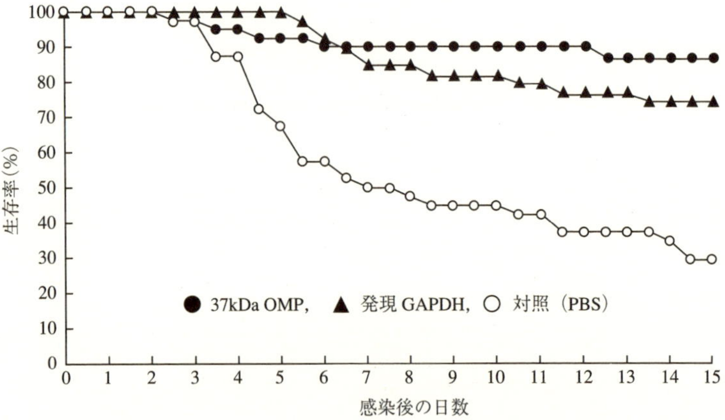

図4･3　*Edwarsiella tarda* EF-1株の37kDa OMPおよび大腸菌に遺伝子組み込み生成したGAPDHで免疫したヒラメの，*E. tarda* V-1株での攻撃後の生存率

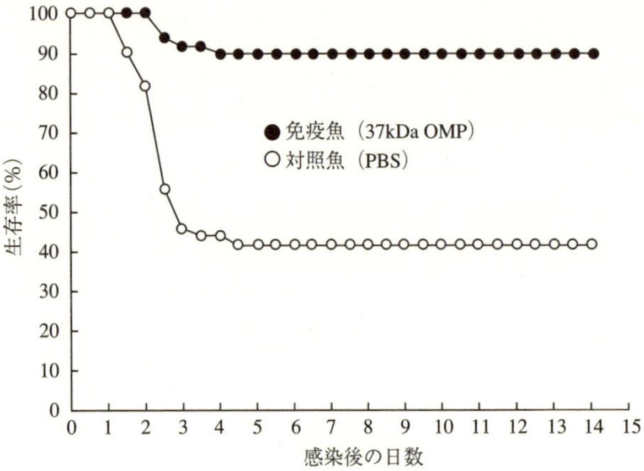

図4･4　*Edwarsiella tarda* EF-1株の37kDa OMPで免疫後，*Vibrio anguillarum*で攻撃したヒラメの生存率

に示すように，異なった細菌である*V. anguillarum*に対しても，*E. tarda*の37 kDa OMPが有効に免疫防御抗原性を示した．これらの実験例が示すように，*E. tarda*の37 kDa OMP（GAPDH）は異なる血清型の菌や異なった種の魚病細菌に対して免疫効果を示すことが明らかになった．

文　献

1) K. Ogawa: *Neoheterobothrium hirame* sp. nov. (Monogenea : Diclidophoridae) from the buccal cavity wall of Japanese flounder *Paralichthys olivaceus, Fish Pathol.*, 34, 195-201 (1999).

2) T. Tun, H. Yokoyama, K. Ogawa, and H. Wakabayashi : Myxosporean and their hyperparastic microsporeans in the intestine of emaciated tiger puffer, *Fish Pathol.*, 35, 145-156 (2000).

3) M. Hamaguchi, N. Suzuki, H. Usuki, and H. Ishioka: *Perkinsus* protozoan infection in short-necked clam *Tapes* (*Ruditapes*) *philippinarum* in Japan, *Fish Pathol.*, 33, 473-480 (1998).

4) Y. Maeno, T. Yoshinaga, and K. Nakajima : Occurrence of *Perkinsus* species (Protozoa, Apicomplexa) from Manila clam *Tapes philippinarum* in Japan, *Fish Pathol.*, 34, 127-131 (1999).

5) M. Sano, T. Ito, J. Kurita, T. Yanai, N. Watanabe, S. Miwa, and T. Iida : First detection of koi herpesvirus in cultured common carp *Cyprinus carpio* in Japan, *Fish Pathol.*, 39, 165-167 (2004).

6) R. Nomoto, L. I. Munasinghe, D. Jin, Y. Shimahara, A. Nakamura, N. Misawa, T. Itami, and T. Yoshida: Lancefield group C *Streptococcus dysgalactiae* infection responsible for fish mortalities in Japan, *J. Fish Dis.*, 27, 679-686 (2004).

7) T. Kamaishi, Y. Fukuda, M. Nishiyama, H. Kawakami, T. Matsuyama, T. Yoshinaga, and N. Oseko : Identification and pathogenicity of intracellular *Francisella* bacterium in three-line grunt *Parapristipoma trilineatum*, *Fish Pathol.*, 40, 67-71 (2005).

8) G. W. Baeck, J. H. Kim, D. K. Gomez, and S. C. Park: Isolation and characterization of *Streptococcus* sp. from diseased flounder (*Paralichthys olivaceus*) in Jeju Island, *J. Vet. Sci.*, 7, 53-58 (2006).

9) Ogawa, K., M. G. Bonaedad-Reantaso, M. Fukudome and H. Wakabayashi : *Neobenedenia girellae* (Hargis, 1955) Yamaguchi, 1963 (Monogenea: Capsalidae) from cultured marine fishes of Japan, *J. Parasitol.*, 81, 223-227 (1995).

10) T. Yoshinaga, R. Kinami, K. A. Hall, and K. Ogawa: A preliminary study on the infection of anisakid larbae in juvenile greater amberjack *Seriola dumerili* imported from China to Japan as maricultue seedrings, *Fish Pathol.*, 41, 123-126 (2006).

11) C. D. Harvell, K. Kim, J. M. Burkholder, R. R. Colwell, P. R. Epstein, D. J. Grimes, E. E. Hofmann, E. K. Lipp, A. D. M. E. Osterhaus, R. M. Overstreet, J. W. Porter, G. W. Smith, and G. R. Vasta: Emerging marine diseases-climate links and anthropogenic factors, *Science*, 285, 1505-1510 (1999).

12) D. J. Marcogliese: Implications of climate change for parasitism of animals in the aquatic environment. *Can. J. Zool.*, 79, 1331-1352 (2001).

13) A. Nakamura, K. G. Takahashi, and K. Mori: Vibriostatic bacteria isolated from rearing sea water of oyster brood stock: potentiality as biocontrol agent for vibriosis in oyster larvae, *Fish Pathol.*, 34, 139-144 (1999).

14) S. C. Park, I. Shimamura, M. Fukunaga, K. Mori, and T. Nakai: Isolation of bacteriophages specific to a fish pathogen, *Pseudomonas plecoglossicida*, as a candidate for disease control, *Appl. Environ. Microbiol.*, 66, 1416-1422 (2000).

15) R. L. Thune, D. H. Fernandez, and J. R. Battista: An aroA mutant of *Edwardsiella ictaluri* is safe and efficacious as a live, attenuated vaccine, *J. Aquat. Anim. Health*, 11, 358-372 (1999).

16) A. Igarashi and T. Iida: A vaccination trial using live cells of *Edwardsiella tarda* in tilapia, *Fish Pathol.*, 37, 145-148 (2002).

17) A. Ronen, A. Perelberg, J. Abramowitz, M. Hutoran, S. Tinman, I. Bejerano, M. Steinitz, and M. Kotler: Efficient vaccine against the virus causing a lethal disease in cultured *Cyprinus carpio, Vaccine*, 21, 4677-4684 (2003).

18) 福田　穰・楠田理一：各種投与法による養殖ハマチ類結節症ワクチンの有効性，日水誌，47，147-150 (1981).

19) B. Magarinos, A. E. Tranzo, and J. L. Romalde: Phenotypic and pathological characteristics of *Pasteurella piscicida, Ann. Rev. Fish Dis.*, 6, 41-64 (1996).

20) K. Tamura, R. Sakazaki, A. C. McWhorter, and Y. Kosako: *Edwardsiella tarda* serotyping scheme for international use, *J. Clin. Microbiol.*, 26, 2343-2346 (1988).

21) K. Kawai, Y. Liu, K. Onishi, and S. Oshima: A conserved 37kDa outer membrane protein of *Edwardsiella tarda* is an effective vaccine candidate, *Vaccine*, 22, 3411-3418 (2004).

5章　プロバイオティクスの魚介類への応用

杉　田　治　男*

プロバイオティクス（probiotics）とは，抗生物質（antibiotics）と対比される言葉であり，共生関係を意味する生態学的用語「probiosis」を起源とする．プロバイオティクスはこれまでに「腸内細菌叢のバランスを改善することにより，宿主動物の健康に有益な作用をもたらしうる生きた微生物」と定義されてきたが[1]，近年では「適量投与したときに宿主の健康に利益をもたらす生きた微生物」[2]と修正するなどその適応範囲が広がる傾向にある．またこれまでのプロバイオティクスの研究は主としてヒトや家畜が対象であったが，近年は化学療法の行き詰まりなどから水産領域での関心が急速に高まっている．本章では，養殖分野においてプロバイオティクスが重要視される背景や研究の現状について概説する．

§1．魚類の腸内細菌

1·1　腸内細菌叢

魚類の腸管には通常，10^4～10^{11}CFU / g の従属栄養細菌が生息している[3, 4]．これまでの魚類腸内細菌叢に関する研究はその多くが培養法に基づくものであり，総じて海水魚類では*Vibrio*属や*Photobacterium*属などの*Vibrio*科細菌が優占するのに対し，淡水魚類では*Aeromonas*属細菌などの通性嫌気性細菌のほか，ティラピア，コイ，アユなどの魚類では*Bacteroides*属や*Clostridium*属の偏性嫌気性細菌が優占することが知られている．しかし，これらの細菌叢は常に一定であるとは限らず，宿主の種類や成長段階，抗生物質の投与，水温，塩分，個体差，時間，飼育水や飼餌料の細菌叢などによって変化する[4]．例として，キンギョの各成長段階における腸内細菌叢を図5·1に示した[5]．孵化直後では水や底泥の細菌叢の影響を受けて，通性嫌気性細菌の*Aeromonas*属やEnterobacteriaceae，嫌気性細菌の*Clostridium*属などが優占するが，孵

* 日本大学生物資源科学部

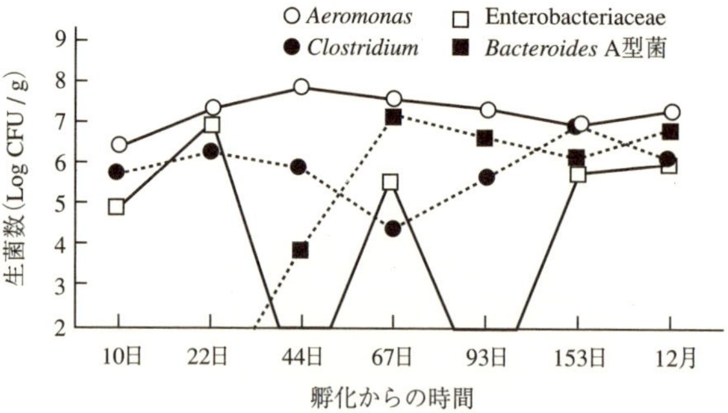

図5・1　キンギョの成長に伴う主要腸内細菌叢の変化[5)]

化2ヶ月後には*Aeromonas*属や嫌気性細菌の*Bacteroides* A型菌が優占し，ほぼ成魚の腸内細菌叢を形成する．このように孵化後2，3ヶ月で成魚の腸内細菌叢が定着する現象はキンギョの他にサケ科魚類[6)]，ティラピア[7)]，Dover sole[8)]，ヒラメ[9)]などでも観察されている．後期仔魚から稚魚への移行に伴い，①胃の肥大伸長と胃腺の分泌，②幽門垂の形成，③摂食様式の変化，④タンパク質の細胞外消化，⑤腸管壁への脂肪の蓄積，⑥肝臓機能の多様化などの変化がおきることが知られているので[10)]，このような宿主魚類の生理的変化が成魚の腸内細菌叢定着に関与していることは予想できるが，現在までのところ直接の原因は明らかではない．

一方，近年の分子生態学的研究の結果から，魚類の腸管細菌の内，培養可能な細菌は全菌数の0.00003～80.9％であり，*Vibrio*属や*Aeromonas*属が含まれるGammaproteobacteriaのほかに，AlphaproteobacteriaやBetaproteobacteriaなど分類学的に多岐にわたる細菌種から構成されていることが判明した[11－13)]．今後，このような手法を用いた研究を発展させることによって，正確な細菌叢の解明が可能となることが期待される．

1・2　腸内細菌の役割

ヒトの腸内細菌が宿主の栄養，疾病，発ガン，免疫などに深く関わっていることは，近年の研究から明らかになりつつある[14, 15)]．一方，魚類では，一部の種類で実験的に無菌動物が作出されているものの[16)]，実用段階には至っていないことから，腸内細菌の機能に関する研究はヒトや家畜ほどには発展してはおらず，全体としては生理活性物質や高分子化合物分解酵素の生産に関する研究が主体をなしている[4]．

淡水養殖魚類のビタミンB_{12}に対する要求性は腸内細菌と密接な関係にあることが判明している（表5･1）[17]．ビタミンB_{12}を含まない配合飼料をアメリカナマズやニホンウナギに投与し続けると，食欲不振や成長不良などに陥るが，コイやティラピアでは顕著な症状が現れない．そこでこれら4魚種の腸内細菌のB_{12}生産能を調べたところ，*Bacteroides* A型菌の生産能が高いことが判明した．またコイの腸管を4等分したところ，各部位の内容物中のビタミンB_{12}濃度と*Bacteroides* A型菌数の間に正の相関関係が見られたこと（r＝0.91）[17]およびティラピア腸管でのビタミンB_{12}合成能がアメリカナマズより8倍も高いこと[18, 19]などから，ティラピアやコイでは，腸管内で*Bacteroides* A型菌のような嫌気性細菌が活発にビタミンB_{12}を合成して宿主に供給しているため，ビタミンB_{12}の要求性が低いことが強く示唆された．淡水魚類では，このほかビオチンの要求性にも腸内細菌が深く関わっていることが報告されている[20]．

表5･1　淡水魚類のビタミンB_{12}要求性と腸内における*Bacteroides* A型菌数[17]

魚種	ビタミンB_{12}要求性	*Bacteroides* A型菌 平均値±SD（Log CFU/g）
アメリカナマズ	あり	＜2.30
ニホンウナギ	あり	＜2.30
コイ	なし	6.84 ± 1.07
ティラピア	なし	8.20 ± 0.67

水圏微生物が種々の抗菌物質を生産することは周知の事実である[4]．そこでわが国沿岸域の魚類7種とカニ1種の腸内細菌の抗菌活性を調べたところ，1.1～11.2％（平均4.1％）の細菌が魚病細菌4種のいずれかの増殖を阻止することが判明した[21]．同様に淡水養殖魚類7種の腸内細菌について*Aeromonas*属細菌18種に対する抗菌活性を調べたところ，0.3～5.9％（平均2.7％）の腸内細菌が陽性であった[22]．またヒラメの腸内細菌の抗菌活性陽性株の割合は標的とする魚病細菌によって異なるが，*Photobacterium damselae* subsp. *piscicida*（*Pasteurella piscicida*）に対する割合はヒラメの成長に伴って増大した（図5･2）[10]．これらの結果は，腸内細菌が抗菌物質を生産して病原細菌を含む外来細菌の腸内での定着を阻止することを強く示唆する．

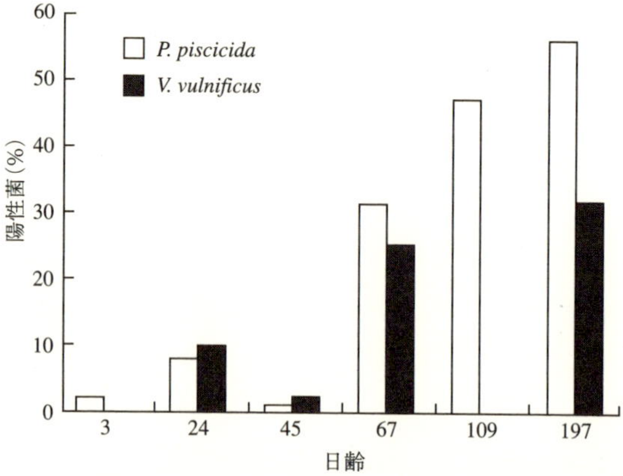

図5·2　ヒラメの成長に伴う腸管内の抗菌活性陽性菌の割合の変化[10]．標的細菌は魚病細菌 *Photobacterium damselae* subsp. *piscicida*（*P. piscicida*）および *Vibrio vulnificus*.

同様に魚類腸内細菌がエイコサペンタエン酸（EPA）を生産して宿主に供給していることや[23]，アミラーゼ，プロテアーゼ，キチナーゼ，リパーゼなどの高分子化合物分解酵素を生産して宿主の消化を助けていることが予想される[4]．以上の事実は，腸内細菌が宿主魚類と共生関係にあることを強く示唆するものである．

§2．魚介類の感染症

魚類の感染症は，宿主，病原体および環境からのストレスの条件が重なったときに成立することがSnieszkoによって示されている（図5·3）[24]．高密度で飼育する養殖環境では，魚類はときに環境ストレスを受けて抗病性を低下させ，細菌感染症を発症することが多い．それらの治療としては，主に抗生物質や合成抗菌剤などの化学療法剤を飼餌料に混入して投与している．そして投与した薬剤は魚類に摂取される

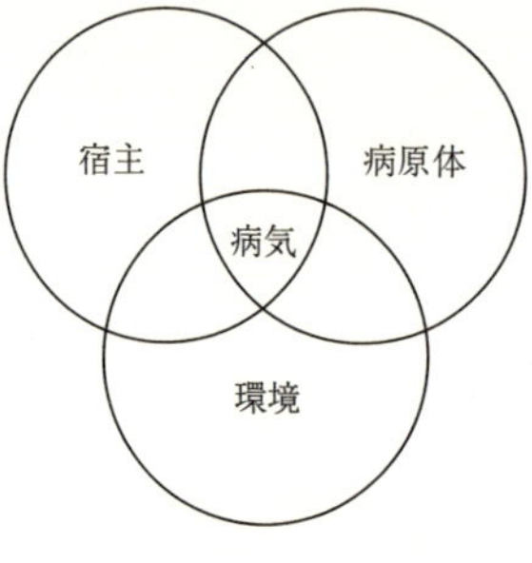

図5·3　S. F. Snieszkoの感染症発症の概念[24]

ほか，残餌とともに底泥に堆積し，周辺海域を汚染する．そのため，これらの薬剤を多用すると耐性菌が出現して治療を遅らせることのほかに，周辺水域に流出した薬剤によって環境微生物の増殖が阻害され，浄化速度が低下することなどが危惧される[25]．

一方，魚類の病原菌は，偏性病原菌と日和見病原菌（条件性病原菌）に大別される．前者は10^1～10^4 CFU / 尾の注射攻撃や10^4～10^8 CFU / m*l*の浸漬攻撃によって感染宿主を死に至らしめるのに対し，後者の病原性は弱く，致死には10^7 CFU / 尾以上の多量の菌を注射する必要があるが，浸漬攻撃では発症しない．そのため，偏性病原菌による疾病を防除するためには，育種技術を用いて抗病性の高い品種を作出し，これらをできるだけストレスの少ない環境で良好な飼餌料を使用して飼育するとともに，的確な衛生管理を行うことによって病原菌との接触を避けることが必要である．

これに対し，日和見病原菌は魚類の生息環境や腸管などに常在しているものも多い．例として，ヒラメ種苗センターにおける*Listonella anguillarum*の分布を表5･2に示した[26, 27]．本菌はヒラメの仔稚魚だけではなく，ワムシやアルテミアなどの餌料生物やそれらの餌（海産クロレラ），飼育水などにも広く分布していることから，その来源を特定することは容易ではなく，むしろ種苗センターの飼育施設に常在していると考えるべきである．また健康と思われる海水魚類の腸管から*L. anguillarum*, *P. damselae subsp. damselae*, *Pseudomonas fluorescens*, *V. alginolyticus*, *V. harveyi*, *V. ichthyoenteri*, *V.*

表5･2･ヒラメ種苗生産施設における魚病細菌*Listonella anguillarum*の分布[26, 27]

試料（試料数）	*L. anguillarum* 数（CFU / m*l*，g）*	出現頻度（%）
海産クロレラ（*n* = 2）	$1.3 \times 10^4 - 1.4 \times 10^5$	100
ワムシ（*n* = 11）	$2.5 \times 10^3 - 4.6 \times 10^6$	100
同飼育水（*n* = 4）	$3.9 \times 10^3 - 1.5 \times 10^6$	50
アルテミア幼生（*n* = 4）	4.8×10^5	25
同飼育水（*n* = 4）	8.7×10^4	25
配合飼料（*n* = 2）	検出せず	0
ヒラメ受精卵（*n* = 2）	検出せず	0
ヒラメ仔稚魚（*n* = 29）	$5.0 \times 10^1 - 7.4 \times 10^5$	72
同飼育水（*n* = 29）	$5.0 \times 10^0 - 7.8 \times 10^2$	28

* 検出試料における*L. anguillarum*の生菌数．

ordalii, *V. parahaemolyticus*, *V. vulnificus* など，また淡水魚からは *Aeromonas hydrophila*, *Citrobacter freundii*, *Edwardsiella tarda*, *Plesiomonas shigelloides* などの病原細菌が検出されている．これらの細菌は魚類の腸管内で増殖し，糞便とともに飼育水に放出されることから，たとえ衛生管理が徹底した飼育環境であってもこれらの細菌を完全に排除することは困難である．このように魚類に多い日和見感染症に対する防除としては偏性病原菌で実施されている対策に加え，ワクチンや免疫増強剤による免疫能の向上や，プロバイオティクスの利用が期待される．

§3. プロバイオティクス

3･1　プロバイオティクスの種類と効果

プロバイオティクスに関する論文は，年々飛躍的に報告数が増加しており，使用される細菌も乳酸菌（*Lactobacillus* 属，*Carnobacterium* 属），*Vibrio* 属，*Bacillus* 属，*Pseudomonas* 属など分類学的にも多岐にわたっている（表5･3）[28－32]．

表5･3　プロバイオティクスとして

微生物	対象動物	微生物
（甲殻類）		*Pseudomonas* sp.
Bacillus sp.	ウシエビ	*Roseobacter* sp.
Lactobacillus sporogenes	オニテナガエビ	*Vibrio* sp.
Lactobacillus spp.	ウシエビ	
Pseudoalteromonas undina	*Penaeus* sp.	（海水魚）
Pseudomonas sp.	ウシエビ	*Bacillus toyoi*
Saccharomyces cerevisiae	*Penaeus vannamei*	*Carnobacterium divergens*
Thalassobacter utilis	ガザミ	*Carnobacterium* sp.
Vibrio alginoluticus	*P. vannamei*	*Lactobacillus bulgaricus*
Vibrio fluvialis	ウシエビ	*Lactobacillus fructivorans*
Vibrio hepatarius	*P. vannamei*	*Lactobacillus helveticus*
		Lactobacillus plantarum
（軟体動物）		*Lactobacillus* sp.
Aeromonas media	マガキ	*Lactococcus lactis*
Alteromonas haloplanktis	ムラサキイタヤガイ	*Pediococcus acidilactici*
Alteromonas sp.	マガキ	*Pseudoalteromonas undina*
Arthrobacter sp.	ムラサキイタヤガイ	*Roseobacter* sp.
Bacillus sp.	ムラサキイタヤガイ	*Saccharomyces cerevisiae*

魚介類におけるプロバイオティクスの効果としては，①ビタミンなどの生理活性物質の供給，②高分子化合物分解酵素の生産による消化の補助，③免疫能の増強（免疫増強型プロバイオティクス），④抗菌物質の生産による外来病原菌の抑制（競合型プロバイオティクス）などがあげられる[28]．これらの内，①と②については腸内細菌の役割の項（1･2）でも扱っており，プロバイオティクスについての報告も少ないことから，本節では主に③および④について解説する．

3･2　プロバイオティクスの投与法

プロバイオティクスの投与方法としては，①配合飼料に添加して投与する方法[33, 34]や，②魚介類の飼育水に直接添加する方法が一般的であるが[35, 36]，配合飼料を摂食できない仔稚魚には，③プロバイティクス菌を取り込ませたワムシやアルテミアなどの餌料生物を仔稚魚に投与する方法（bioencapsulation）[37]や④プロバイオティクス菌の懸濁液に魚介類を直接浸漬する方法[38]なども考案されている．また抗菌活性のある腸内細菌をもつティラピアを網で仕切ってウシエビと混養し，エビの病原細菌 *V. harveyi* を防除するユニークな試みが報告されており，経済性も高く，実用化が期待される[39]．

水産動物に用いられた微生物[28－32]

対象動物	微生物	対象動物
ムラサキイタヤガイ	*Streptococcus thermophilus*	*S. maximus*
ホタテガイ	*Vibrio alginolyticus*	タイセイヨウサケ, *S. maximus*
ムラサキイタヤガイ, ホタテガイ	*Vibrio mediterranei*	*S. maximus*
	Vibrio pelagius	*S. maximus*
	Vibrio salmonicida	タイセイヨウオヒョウ
Scophthalmus maximus	*Weissella helenica*	ヒラメ
Gadus morhua, S. maximus		
S. maximus	（淡水魚）	
S. maximus	*Aeromonas hydrophila*	ニジマス
ヨーロッパヘダイ	*Bacillus circulans*	*Labeo rohita*
S. maximus	*Bacillus megaterium*	アメリカナマズ
Gadus morhua, S. maximus	*Carnobacterium* sp.	ニジマス
S. maximus	*Enterococcus faecium*	ヨーロッパウナギ
S. maximus	*Lactobacillus rhamnosus*	ニジマス
Pollachuius pollachius	*Lactobacillus* sp.	ティラピア
ヨーロッパヘダイ	*Micrococcus luteus*	ニジマス
S. maximus	*Pseudomonas fluorescens*	ニジマス
P. pollachius	*Vibrio fluvialis*	ニジマス

3･3　免疫増強型プロバイオティクス

ヒトの腸管内では乳酸菌の*Lactobacillus*や*Bifidobacterium*が優占し，免疫増強に寄与していることから，これらの細菌がプロバイオティクスとして有用であることは広く認められている[14, 15]．そのため，魚介類においても，人畜で使用している乳酸菌を用いた免疫増強型プロバイオティクスの研究例も多い（表5･3）[28－32]．また腸管での役割は解明されていないものの，*Streptococcus*属，*Leuconostoc*属，*Lactobacillus*属，*Carnobacterium*属などの乳酸菌が魚類腸管より常在菌として分離されることから[40]，これらの乳酸菌がヒトにおけるのと同様の機能を有することも期待される．Panigrahiら[34, 41]は*Lactobacillus rhamnosus*をニジマスに30日間連続投与することによって，血清中のリゾチームおよび補体（ACH50）の活性や頭腎白血球の貪食能が上昇することを見出した．またBalcázarら[42]は，2週間*Lactococcus lactis*や*Lactobacillus sakei*などの乳酸菌を投与したニジマスにおいて，魚病細菌*A. salmonicida*に対する消化管由来白血球の貪食能が非投与区よりも有意に上昇することを報告した．このように，少なくとも一部の乳酸菌には宿主魚類の免疫能を向上させる作用があると考えられる．長年，乳製品の製造などに使用されている乳酸菌を使用することは，安全性などがある程度保証されている反面，投与を停止すると速やかに腸管から消失することから，定着性に問題も残されている．

3･4　競合型プロバイオティクス

抗菌物質を生産する細菌を魚介類や飼育水などに投与することによって感染症を防除する目的で開発されたのが競合型プロバイオティクスである．このタイプの先駆的研究としては，*Thalassobacter utilis*をガザミ幼生飼育水に投与し，水中の有害な*Vibrio*属細菌を抑制することによってガザミの生産量を向上させたNogamiおよびMaedaの報告[35]があげられる[28]．

既に述べたように，魚類腸内細菌は種々の生理活性物質や高分子化合物分解酵素を生産して宿主に供給することから共生微生物であると考えられる．これらの事実は，抗菌物質生産能の高い細菌を長期間，多量に経口投与することによって腸内細菌叢のバランスを崩し，有益な共生微生物を阻害する可能性を示唆する．また病原菌の侵入経路としては魚類の腸管，体表，鰓などが主要であるが，魚種や細菌種によってその経路が異なることも知られていることから[43,44]，体表や鰓が侵入経路の場合には飼育水に競合型プロバイオティクス菌を投与することによって感染症を防除することが可能である．

筆者らは，アメリカナマズから分離した乳酸菌*Lactococcus lactis*の生産する抗菌物質が過酸化水素であり，かつ嫌気的条件では過酸化水素を生産しないことから[45]，これらをキンギョに経口投与して，飼育水中の日和見感染菌*Aeromonas*属細菌の動態を調べた．その結果，対照区では*Aeromoans*属細菌が10^2〜10^3 CFU / m*l*であったのに対し，投与区では10^1 CFU / m*l*以下に抑制されることからプロバイオティクス投与効果が確認された（図5･4）．通常，飼育水において特定の細菌種を優占させるためには，高濃度の細菌細胞を頻繁に投与する必要がある．しかし腸内で増殖する能力をもつ魚類腸内細菌*L. lactis*をプロバイオティクス菌として経口投与してキンギョ腸管環境で増殖させ，糞便とともに排出させることによって，飼育水中の日和見感染菌を抑制する効果が得られたものと考えられる．また酸素濃度の低い腸管環境では，過酸化水素の生産が抑制されるため，腸内共生微生物への影響も少ないものと予想される．

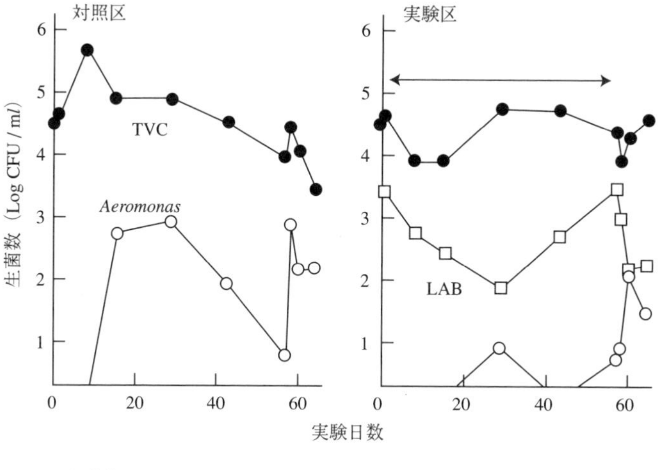

図5･4　乳酸菌*Lactococcus lactis*を経口投与したキンギョの飼育水中の*Aeromonas*属細菌の動態：TVC，総生菌数；LAB, *L. lactis*.

3･5　プロバイオティクスの条件

魚介類に経口投与するときのプロバイティクスの一般的な条件としては，①胃酸や胆汁酸など宿主の生体防御因子に耐えられること，②宿主への投与法が容易であること，③宿主動物の腸管で比較的長期間生存すること，④病原性や副作用がないこと，および⑤培養や保存が容易であることなどがあげられる．

さらに競合的プロバイオティクスとしては，①抗菌物質を安定して生産すること，②生産された抗菌物質の作用が特定の細菌に限られること，③腸内共生微生物を阻害しないこと，および④細菌または抗菌物質生産が環境条件を変えることで容易に制御できることなどが重要な条件である．

約100年前のメチニコフ（I. I. Mechnikov）によるヨーグルト不老長寿説に端を発したヒトのプロバイオティクス研究と比較すると，魚介類のプロバイオティクスに関する研究は20年程度であり，その基礎となる腸内細菌の生態に関する知見も少ない．それでも，すべての魚類のあらゆる感染症を単一の菌種で防除することができないことや，各病原細菌の侵入部位に応じた菌種の選択が重要であることなどは十分に予想がつくことである．今後，魚介類におけるプロバイオティクスの発展を望むには，魚介類の免疫や栄養と腸内共生微生物との関連性などについてさらに研究を進める必要がある．

文　献

1）R. Fuller : Probiotics in man and animals, *J. Appl. Bcteriol.*, 44, 365-378（1989）.

2）FAO/WHO : Report of a joint FAO/WHO expert consultation on evaluation of health and nutritional properties of probiotics in food including powder milk with live lactic acid bacteria, Córdoba, Argentina, 2001, 34pp.

3）M. M. Cahill : Bacterial flora of fishes, *Microbial Ecol.*, 19, 21-41（1990）.

4）杉田治男：水環境と微生物，生態環境科学概論（上村賢治編），講談社サイエンティフィク，1997，pp.164-199.

5）H. Sugita, M. Tsunohara, T. Ohkoshi, and Y.Deguchi: The establishment of an intestinal microflora in developing goldfish（*Carassius auratus*）of culture ponds, *Microbial Ecol.*, 15, 333-344（1988）.

6）M. Yoshimizu, T. Kimura, and M. Sakai : Microflora of the embryo and the fry of salmonid, *Bull. Jpn. Soc. Sci. Fish.*, 46, 967-975（1980）.

7）H. Sugita, A. Enomoto, and Y. Deguchi : Intestinal microflora in the fry of *Tilapia mossambica, Bull. Jpn. Soc. Sci. Fish.*, 48, 875（1982）.

8）A. C. Campbell and J. A. Buswell: The intestinal microflora of Dover sole（*Solea solea*）at different stages of fish development, *J. Appl. Bacteriol.*, 55,

215-223（1983）.

9）H. Sugita, R. Okano, Y. Suzuki, D. Iwai, M. Mizukami, N. Akiyama, and S. Matsuura: Antibacterial abilities of intestinal bacteria from larval and juvenile Japanese flounder against fish pathogens, *Fish. Sci.*, **68**, 1004-1011（2002）.

10）田中　克：消化器官，稚魚の摂餌と発育（日本水産学会編），恒星社厚生閣，1975，pp.7-23.

11）M. Asfie, T. Yoshijima, and H. Sugita: Characterization of the goldfish fecal microflora by the fluorescent *in situ* hybridization method, *Fish. Sci.*, **69**, 21-26（2003）.

12）H. Sugita, M. Kurosaki, T. Okamura, S. Yamamoto, and C. Tsuchiya : The culturability of intestinal bacteria of Japanese coastal fish, *Fish. Sci.*, **71**, 956-958（2005）.

13）A. Shiina, S. Itoi, S. Washio, and H. Sugita : Molecular identification of intestinal microflora in *Takifugu niphobles, Comp. Biochem. Physiol. Part D*, **1**, 128-132（2006）.

14）光岡知足：腸内細菌の話，岩波書店，1978，212 p.

15）上野川修一：免疫と腸内細菌，平凡社，2003，183 p.

16）R. Lesel and Ph. Dubourget: Obtention de poisons ovovivipares axéniques : amélioration technique, *Ann. Zool. Ecol. anim.*, **11**, 389-395（1979）.

17）H. Sugita, C. Miyajima, and Y. Deguchi: The vitamin B_{12}-producing ability of the intestinal microflora of freshwater fish, *Aquaculture*, **92**, 267-276（1991）.

18）T. Limsuwan and R. T. Lovell: Intestinal synthesis and absorption of vitamin B_{12} in channel catfish, *J. Nutr.*, **111**, 2125-2135（1981）.

19）R. T. Lovell and T. Limsuwan: Intestinal synthesis and dietary nonessentiality of vitamin B_{12} for *Tilapia nilotica. Trans. Am. Fish. Soc.*, **11**, 485-490（1982）.

20）H. Sugita, J. Takahashi, and Y. Deguchi: Production and consumption of biotin by the intestinal microflora of cultured freshwater fishes, *Biosci. Biotech. Biochem.*, **56**, 1678-1679（1992）.

21）H. Sugita, N. Matsuo, K. Shibuya, and Y. Deguchi : Production of antibacterial substances by intestinal bacteria isolated from coastal crab and fish species, *J. Mar. Biotechnol.*, **4**, 220-223（1996）.

22）H. Sugita, K. Shibuya, H. Shimooka, and Y. Deguchi : Antibacterial abilities of intestinal bacteria in freshwater cultured fish, *Aquaculture*, **145**, 195-203（1996）.

23）矢澤一良：n-3系高度不飽和脂肪酸の微生物生産，水産脂質－その特性と生理活性（藤本健四郎編），恒星社厚生閣，1993，pp. 40-54.

24）S. F. Snieszko: The effects of environmental stress on outbreaks of infectious diseases of fishes, *J. Fish Biol.*, **6**, 197-208（1974）.

25）杉田治男：養魚場の自家汚染，海の環境微生物学（石田祐三郎，杉田治男編），恒星社厚生閣，2005，pp. 130-135.

26）H. Sugita, S. Yamamoto, C. Asakura, and T. Morita : Occurrence of *Listonella anguillarum* in seed production environments of Japanese flounder *Paralichthys olivaceus*（Timminck et Schlegel），*Aquaculture Res.*, **36**, 920-926（2005）.

27）H. Mizuki, S. Washio, T. Morita, S. Itoi, and H. Sugita : Distribution of a fish pathogen *Listonella anguillarum* in the Japaense flounder *Paralichthys olivaceus* hatchery, *Aquaculture*, **261**, 26-32（2006）.

28）J. L. Balcázar, I. de Blas, I. Ruiz-

Zarzuela, D. Cunningham, D. Vendrell, and J. L. Múzquiz: The role of probiotics in aquaculture, *Vet. Microbiol.*, 114, 173-186 (2006).

29) N. G. Vine, W. D. Leukes, and H. Kaiser: Probiotics in marine larviculture, *FEMS Microbiol. Rev.*, 30, 404-207 (2006).

30) B. Gomez-Gil, A. Roque, and J. F. Turnbull: The use and selection of probiotic bacteria for use in the culture of larval aquatic organisms, *Aquaculture*, 191, 259-270 (2000).

31) L. Verschuere, G. Rombaut, P. Sorgeloos, and W. Verstraete: Probiotic bacteria as biological control agents in aquaculture, *Microbiol. Mol. Biol. Rev.*, 64, 655-671 (2000).

32) A. Irianto and B. Austin: Probiotics in aquaculture, *J. Fish Dis.*, 25, 633-642 (2002).

33) J. W. Byun, S. C. Park, Y. Benno, and T. K. Oh : Probiotic effect of *Lactobacillus* sp. DS-12 in flounder (*Paralichthys olivaceus*). *J. Gen. Appl. Mcrobiol.*, 43, 305-308 (1997).

34) A. Panigrahi, V. Kiron, T. Kobayashi, J. Puangkaew, S. Sato, and H. Sugita : *Vet. Immunol. Immunopathol.*, 102, 379-388 (2004).

35) K. Nogami and M. Maeda: Bacteria as biocontrol agents for rearing larvae of the crab *Portunus trituberculatus, Can. J. Fish. Aquat. Sci.*, 49, 2373-2376 (1992).

36) L. F. Gibson, J. Woodworth, and A. M. George: Probiotic activity of *Aeromonas media* on the Pacific oyster, *Crassostrea gigas*, when challenged with V*ibrio tubiashii, Aquaculture*, 169, 111-120 (1998).

37) B. Gomez-Gil, M. A. Herrera-Vega, F. A. Abreu-Grobois, and A. Roque: Bioencapsulation of two different *Vibrio* species in nauplii of brine shrimp (*Artemia franciscana*), *Appl. Environ. Microbiol.*, 64, 2318-2322 (1998).

38) L. Gram, J. Melchiorsen, B. Spangaard, I. Huber, and T. F. Nielsen : Inhibiton of *Vibrio anguillarum* by *Pseudomonas fluorescens* AH2, a possible probiotic treatment of fish, *Appl. Environ. Microbiol.*, 65, 969-973 (1999).

39) E. A. Tendencia, M. R. dela Peňa, and C. H. Choresca, Jr. : Effect of shrimp biomass and feeding on the anti-*Vibrio harveyi* activity of *Tilapia* sp. in a simulated shrimp-tilapia polyculture system, *Aquaculture*, 253, 154-162 (2006).

40) E. Ringø and F. J. Gatesoupe: Lactic acid bacteria in fish : a review, *Aquaculture*, 160,177-203 (1998).

41) A. Panigraphi, V. Kiron, J. Puangkaew, T. Kobayashi, S. Sato, and H. Sugita : The viability of probiotic bacteria as a factor influencing the immune response in rainbow trout *Oncorhynchus mykiss, Aquaculture*, 243, 241-254 (2005).

42) J. L. Balcázar, D. Vendrell, I. de Blas, I. Ruiz-Zarzuela, O. Gironés, and J. L. Muzquiz : Immune modulation by probiotic strains: quantification of phagocytosis of *Aeromonas salmonicida* by leucocytes isolated from gut of rainbow trout (*Oncorhynchus mykiss*) using a radiolabelling assay, *Comp. Immunol. Microbiol Infect. Dis.*, 29, 335-343 (2006).

43) B. Spangaard, I. Huber, J. Nielsen, T. Nielsen, and L. Gram: Proliferation and location of *Vibrio anguillarum* during infection of rainbow trout, *Oncorhynchus mykiss* (Walbaum), *J. Fish Dis.*, 23, 423-427 (2000).

44) F.Jutfelt, R. E. Olsen, J. Glette, E. Ringø,

and K. Sundell: Translocation of viable *Aeromonas salmonicida* across the intestine of rainbow trout, *Oncorhynchus* mykiss（Walbaum）, *J. Fish Dis.*, **29**, 255-262（2006）.

45）H. Sugita, K. Ohta, A. Kuruma, and T. Sagesaka: An antibacterial effect of *Lactococcus lactis* isolated from the intestinal tract of the Amur catfish, *Silurus asotus* Linnaeus, *Aquaculture Res.* **38**, 1002-1004（2007）.

6章　微生物による魚病原因ウイルスの制御

吉水　守*・笠井久会*

魚介類の増養殖事業の進展に伴い，疾病，特にウイルス病の被害が大きな問題となっている[1)]．人や家畜と同様あるいはそれ以上に水生生物のウイルス病は予防・治療が困難であり[2)]，環境水中でのウイルスの生存性を知り，さらに水圏の他の微生物との相互作用を明らかにすることは，ウイルス病の防疫対策を確立する上で重要である．魚類のウイルス病対策確立を目指して研究を進め，その一環として病魚から水中に放出されたウイルスの挙動，特にその感染性の変化を検討してきた．その過程において，飼育水にウイルスを添加し，感染価の消長を観察したとき，ウイルスが細菌の菌体表面に吸着されるとともに菌体外に産生される物質によって不活化される現象を見出した[3, 4)]．しかも，このような抗ウイルス物質産生細菌は水圏環境に広く分布し，比較的高率に分離される[5, 6)]．ところで，魚類のウイルス病ワクチンが開発され，実用段階に達してきたが，稚魚が免疫応答を示すまでの期間あるいはワクチン投与が可能なサイズに達するまでは，従来どおりのウイルス病対策に頼らなければならない[2)]．そこで，これら抗ウイルス物質を産生する細菌を有効に利用できないかと，経口投与によるウイルス病の制御を検討してきた[7)]．ここではサケ科魚類の伝染性造血器壊死症ウイルス，マツカワ（*Verasper moseri*）・ヒラメ（*Paralichthys olivaceus*）など異体類の魚類ノダウイルスおよびウイルス性表皮増生症原因ウイルス，ならびにコイヘルペスウイルスを対象に，水生細菌によるウイルス不活化現象を紹介するとともに，このような抗ウイルス物質産生細菌の水圏からの分離率，種類および作用機序，ならびに，これら細菌を魚類に経口投与した場合の腸内容物の抗ウイルス活性とウイルス病制御への応用例を紹介したい．

§1．水生細菌による伝染性造血器壊死症ウイルスの不活化現象

魚類ウイルスの環境水中での消長に関する知見は乏しく，病魚から排出され

* 北海道大学大学院水産科学研究院

たウイルスがどのような挙動をとるかも不明であった．そこで，まずサケ科魚類の代表的な病原ウイルスである伝染性造血器壊死症ウイルス（infectious hematopoietic necrosis virus：IHNV）を対象に本ウイルスが病魚から離れ環境水中に放出された後の生存性について，サケ科魚類の飼育水，Hanks' BSS，脱塩素処理水道水，再蒸留水中での消長を温度別に観察した．IHNVの感染価を0，5，10，15℃の各温度条件下で14日間観察したところ，0℃ではいずれの供試水中でも14日間安定であったが，15℃では飼育水中で7日目に感染価の大幅な減少が観察された．この傾向は温度が高い方が顕著で，14日目には5，10℃でも検出限界以下となった．飼育水中での結果を図6·1に示した．これらの供試水は無菌ではないために，IHNVの感染価の減少は温度に加え共存する微生物が関与している可能性が示唆された．そこで高圧滅菌あるいは濾過除菌した飼育水中でのIHNVの感染価の変化を比較したところ，無処理飼育水中では同様に急速な感染価の減少が観察されたが，高圧滅菌あるいは濾過除菌した飼育水中では比較的安定であり（図6·2），IHNVの不活化現象は飼育水中に存在する微生物あるいは微生物の産生した細菌濾過膜を通過する物質による可能性が示された[4]．

このIHNV不活化現象に関与している微生物を特定するために，飼育水に魚類細胞培養用培地（抗生物質無添加）を加えて15℃で7日間培養し，0.20 μm の濾過膜で除菌後，濾液にIHNVを懸濁して感染価の変化を観察した．その結果，IHNVの感染価は5，15℃ともに3日目に検出限界以下となった．培養液

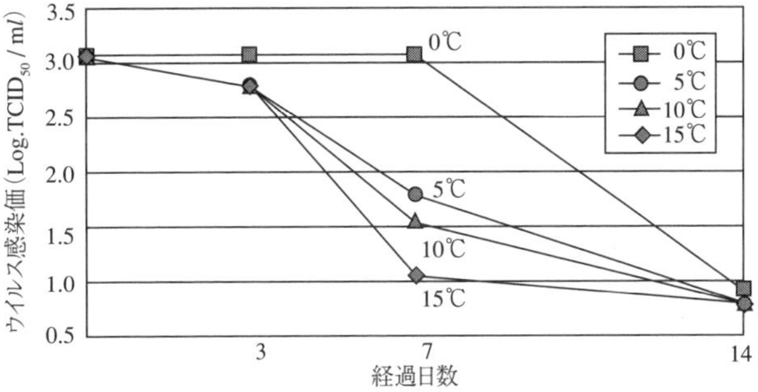

図6·1　魚類飼育水中でのIHNVの生存性

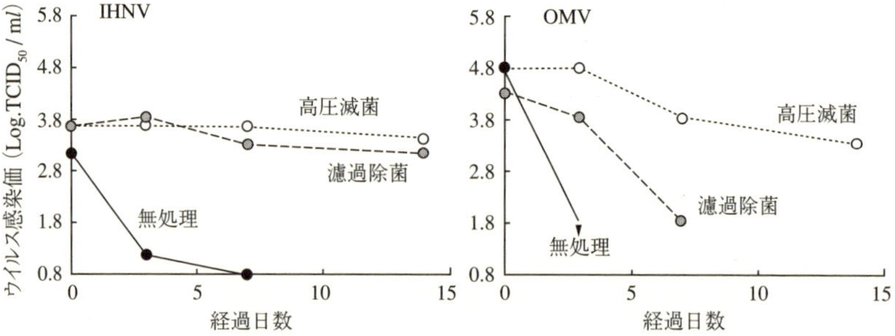

図6･2　魚類飼育水中におけるIHNVおよびOMVの生存性（15℃）

…○… 高圧滅菌　–◉– 濾過除菌（0.22μm）　–●– 無処理　▼ 検出限界

の微生物叢は細菌が優勢であり，真菌類や原生動物などは見られず，生菌数は1.8×10^8 CFU/ m*l*，菌叢は*Achromobacter*および*Pseudomonas*属細菌が優勢であった．この細菌の中にIHNVに対する抗ウイルス作用を有する物質を産生する細菌が存在するか否かを，両属の代表分離株を対象に観察した．*Pseudomonas*属代表株の培養液を高圧滅菌したものにIHNVを加えた場合にはウイルス感染価に変化なく安定であったが，培養液の濾過除菌液に加えた場合には4～8日後にIHNVは検出できなくなった[8]．さらに，菌体を含む培養液にIHNVを加えて1時間後に濾過した場合，濾液からウイルスは検出できなくなった．このことは本ウイルスが泥など微細粒子への吸着とともに菌体にも吸着する現象が知られていることから[9]，菌体に吸着したウイルスが濾過除菌の際に菌体とともに除去されたことによると考えられた．

§2．抗ウイルス作用を有する細菌の分布とその種類ならびに代表株が産生した抗ウイルス物質の性状

上記のような抗ウイルス作用を有する細菌が，魚類生息環境水中にどの程度存在するかを把握するため，まず北海道大学水産学部七飯養魚場の飼育用水，北海道立水産孵化場森支場の飼育用水，函館市近郊茂辺地川河口域の汽水および水産学部前浜の海水を対象に採水地点の底泥を含め季節ごとに細菌数と菌叢を調査し，分離菌についてIHNVを用いて抗ウイルス作用のスクリーニングを行った[5, 6]．供試した各種試料の生菌数およびその細菌叢はこれまでの研究結

果とほぼ同様であり，魚類生息環境の一般的な菌数と細菌叢を示していた[8, 10]．次いで，それぞれの地点の水試料および底泥試料から分離した計1,458株の細菌の培養濾液についてIHNVに対する抗ウイルス作用を観察した．この際プロテアーゼや細胞毒性物質を含む培養液は除外した．表6･1に見られるように，試料採取場所にかかわらず90％以上のプラーク減少を示したものが分離菌の1～23％と予想外に多く検出された[5, 6]．これら抗ウイルス活性を示した細菌のうち淡水由来株では53～60％，海水由来株では23～33％が*Pseudomonas*属の細菌であった．

表6･1　魚類飼育環境からの抗ウイルス物質産生細菌の分離

場所	試料	供試菌数	90％以上のプラーク減少率を示した菌株数（％）
森孵化場	水	170	1（0.6％）
	底泥	156	28（17.9％）
七飯養魚場	水	194	8（4.1％）
	底泥	190	7（3.7％）
茂辺地川河口	水	199	46（23.1％）
	底泥	177	13（7.3％）
七重浜海岸	水	176	18（10.2％）
	底泥	196	5（2.6％）
合計		1,458	126（8.6％）

抗ウイルス効果を示した分離株の中から数株を選択して抗ウイルス物質の検討を行ったところ，*Pseudomonas*属の1株46NW-04株は，低分子で耐熱性の抗ウイルス物質を産生し，その分子量は1126，ペプタイド系の物質で計9個のアミノ酸と3-hydroxydecanonic acidから構成される新規抗ウイルス物質であった[11]．本物質は魚類ヘルペスウイルス（*Oncorhynchus masou* virus；OMV）の他，狂犬病ウイルスやヒトの単純ヘルペスウイルス（HSV），ヒト免疫不全ウイルス（HIV）に対しても抗ウイルス効果を示した．本物質の抗ウイルス作用はウイルス粒子に対する直接作用，すなわちエンベロープ全体かレセプターをコーティングあるいは崩壊するものと推察されている[5]．他の5株の検討結果では，同様のペプタイド系低分子物質や酵素作用を有する高分子物質，未同定の低分子物質など，細菌の産生する抗ウイルス物質の種類は多岐にわたっていた[12]．

§3．抗ウイルス物質産生腸内細菌の経口投与によるIHNVの制御

これら抗ウイルス物質産生細菌を魚類のウイルス病制御に応用するにあたり，抗ウイルス物質産生遺伝子を特定し，大腸菌を用いた組換え体を作出し，抗ウイルス物質を大量に産生しようという試みがなされているが，この場合は薬剤としての利用になる．また魚類の正常細菌叢を構成する細菌に遺伝子を導入した場合には，たとえ成功したとしても，現状では自然界での利用は難しい．そこで，魚類の正常細菌叢を構成する細菌，特に魚類で細菌叢がよく調べられ，把握が容易な腸内細菌[13)]を対象に抗ウイルス物質を産生する細菌の検索を行い，抗ウイルス物質産生細菌を選出し，その代表株を用いて腸管内での抗ウイルス物質産生能を観察した．

サケ科魚類の腸内細菌叢[14－20)]のうち，淡水生活期の菌叢の主体を成す*Aeromonas*属を対象に抗IHNV作用を示す菌株のスクリーニングを行なった．サクラマスの腸内容物から分離した108株のスクリーニングで90％以上のプラーク減少を示す菌株が3株分離された．これらの菌株は飼料成分を栄養源として抗ウイルス物質を産生することが確認され，餌料ペレットに10％の割合で菌体培養液を混ぜ，経口的に投与したところ，*Aeromonas*属が腸管内の菌叢の主体を成していたことから，投与菌が腸管内に定着したと考えられた．そして腸内容物も強い抗ウイルス活性を示した．ただし，この場合対照に用いた供試魚の腸内細菌叢も同様に*Aeromonas*属細菌が優勢であった．抗ウイルス性の*Aeromonas*属細菌を添加した餌料を3週間にわたってニジマス（*Oncorhynchus mykiss*）に給餌した後，100 $TCID_{50}$ / m*l*のIHNVで浸漬法による攻撃試験を行ったところ，抗ウイルス細菌を投与した群の累積死亡率が約10％，対照群は約30％と有意の差が観察された[21)]．この場合，対照群の腸内細菌叢も*Aeromonas*属細菌が優勢で腸内容物に抗ウイルス活性が見られた．

そこでサクラマス（*O. masou*）を用いて抗ウイルス物質を産生しない*Pseudomonas*属が優勢でかつ腸内容物にも抗ウイルス活性のないことを確認した対照群を選抜し，再度抗ウイルス細菌投与群とともにIHNVによる攻撃試験を行った．図6･3に示すように，抗ウイルス物質を産生しない*Pseudomonas*属が優勢でかつ腸内容物にも抗ウイルス活性のない群の累積死亡率は70％となり，抗ウイルス物質産生菌投与群との差が大きく開いた[22)]．

ただし，ウイルス攻撃量を100倍にした場合あるいは養魚場のニジマスに対し同様の経口投与試験を実施した場合には効果が認められなかった．この原因としてIHNVの感染侵入門戸が鰓および体表であることおよび養魚場では流水量が大きいために飼育水中の抗ウイルス物質が有効濃度に達しなかったものと考えられる．今回の試験は容量3 *l* の小型水槽を使用したため，腸内で多量に産生された抗ウイルス物質が糞とともに排泄され，鰓や体表面を覆っていた可能性が考えられる．今後は腸管感染系のウイルスを用いて試験を実施するか，海産魚介類の種苗生産水槽のように換水率の低い水槽を対象に抗ウイルス物質産生細菌を増殖させ，ウイルス病の防除が可能かどうかを検討するなどの工夫が必要と考えられた．

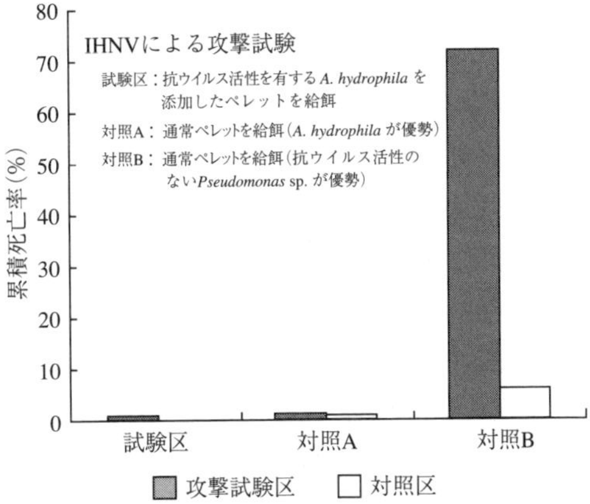

図6·3　抗IHNV活性を有する腸内細菌*Aeromonas hydrophila* M-36株を添加したペレットを給餌したサクラマスの死亡率．

§4．海産魚種苗生産用餌料生物の細菌叢を抗ウイルス物質産生細菌に置き換える試み

異体類のマツカワやヒラメのウイルス病としては，魚類ノダウイルスによるウイルス性神経壊死症やIHNVと近縁のヒラメラブドウイルス（HIRRV）感染症，ヘルペスウイルスによるウイルス性表皮増生症，イリドウイルスの一種リンホシスチスウイルスによるリンホシスチス病が知られている[1]．マツカワやヒラメの種苗生産施設における飼育用水，餌料生物のワムシ（*Brachionus plicatilis*），アルテミア（*Artemia salina*）および飼育稚魚の細菌叢の調査結果では，ワムシ，アルテミアおよび稚魚の消化管内の菌叢の主体は*Vibrio*属細菌が優勢であった[23]．これら*Vibrio*属細菌の中に抗ウイルス活性を有する細菌

がどの程度存在するか，*Vibrio* 属細菌155株を対象に，まずIHNVに対する抗ウイルス効果をスクリーニングした．その結果，25菌株が90％以上のプラーク減少率を示した．さらにこれら25菌株の中から高い抗IHNV活性を示した5株について，抗ヘルペスウイルス（ウイルス性表皮増成症原因ウイルスは培養できないため海産ギンザケ *O. kisutch* 由来株のOMVを使用），抗HIRRVおよび抗BFNNV（barfin flounder nervous necrosis virus）活性を調べ，IHNV，HIRRV，OMVおよびBFNNVに対し強い抗ウイルス効果を示す *Vibrio* sp. 2IF6株を得た[24]．

稚魚の生物餌料の中で，最も細菌叢のコントロールが容易と考えられるのは乾燥卵を用いるアルテミアである．そこで，まずアルテミア卵を次亜塩素酸ナトリウムで消毒後，無菌海水で孵化させたアルテミアに，抗ウイルス物質産生細菌 *Vibrio* sp. 2IF6株を添加して培養した．*Vibrio* sp. 2IF6株を添加したアルテミアは，培養開始時に抗IHNVおよびBFNNV活性は認められなかったものの，培養2日後のアルテミアはIHNVに対し56％のプラーク減少を，BFNNVに対しては90％の感染価減少を示し，アルテミア培養液ではそれぞれ100％と99％を示した．対照の無菌培養アルテミアには抗ウイルス効果は認められなかった[3]．マツカワあるいはヒラメの餌料がワムシからアルテミアに置き換わるときに，抗ウイルス活性を有する細菌を添加したアルテミアに切り替えて給餌すれば腸内細菌叢を抗ウイルス物質産生 *Vibrio* に置き換えられるものと考えられた．

§5．抗ウイルス物質産生 *Vibrio* 属細菌添加アルテミアの経口投与によるマツカワのウイルス性神経壊死症の制御

マツカワを用いた試験を行うに際し，マツカワの腸内容物から抗ウイルス物質産生 *Vibrio* sp. 9715株を選抜した．本菌を添加したアルテミアおよびこのアルテミアを給餌したマツカワの腸内容物の細菌叢は *Vibrio* 属細菌が優勢となり，このアルテミアおよびマツカワ腸内容物の10倍希釈濾液に $10^{5.8}$ $TCID_{50}$ / m*l* に調製したBFNNVを混合して3時間接触させた場合，ともにウイルス感染価は99.99％以上減少した．このような抗ウイルス活性はIHNVおよびOMVに対しても認められた．マツカワ稚魚を換水率0～300％で60日間飼育

した後の生存率は，試験的防疫対策実施区で77.1 %，通常飼育区で50.8 %，高密度飼育区で15.2 %であった[24)]．これに対し抗ウイルス物質産生*Vibrio*給餌区では全く死亡は見られず100 %となった（図6･4）．ただ，BFNNV特異遺伝子を検出するRT-PCR法による検査の結果では防疫対策実施区以外ではウイルス遺伝子が検出された．その後，ウイルス性神経壊死症の防疫対策が確立され本症の発症は見られなくなったが[25)]，3年間同様の給餌飼育を行ったところ，稚魚の成長の遅れもなく，従来散見されたヘルペスウイルスによるウイルス性表皮増生症も見られなくなった．なお，*Vibrio* sp. 9715株は，強い抗BFNNVおよびOMV活性を有し，病原性はなく，かつアルテミアおよびマツカワ稚魚の成長に影響は認められていない．

このように，抗ウイルス物質産生腸内細菌を経口投与する方法は，換水率の低い海産魚のウイルス防除対策として，方法を工夫すれば有効に活用できると推察された．

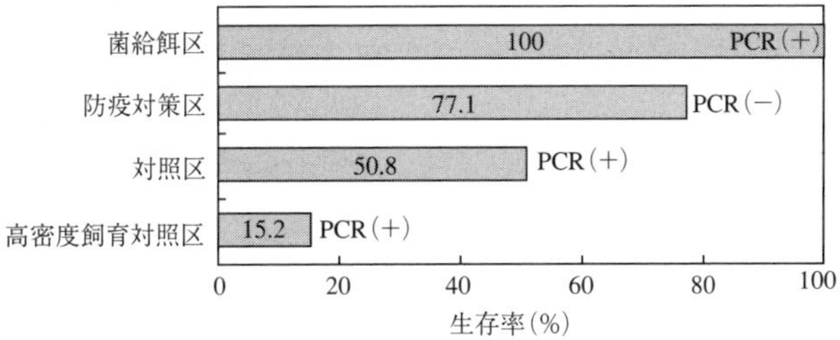

図6･4　抗BF-NNV活性を有する腸内細菌*Vibrio* sp. 9715株を添加したアルテミアを給餌したマツカワの生存率

§6．抗ウイルス物質産生*Vibrio*属細菌添加ワムシの経口投与によるヒラメのウイルス性表皮増生症の防除

近年，シオミズツボワムシ複相単性生殖卵の消毒が可能になり[26)]，上記生物餌料としてアルテミアの前に給餌する初期餌料のワムシに抗ウイルス活性をもたせることができれば，稚魚期の早期に防除対策に用いることが期待できる（図6･5）．

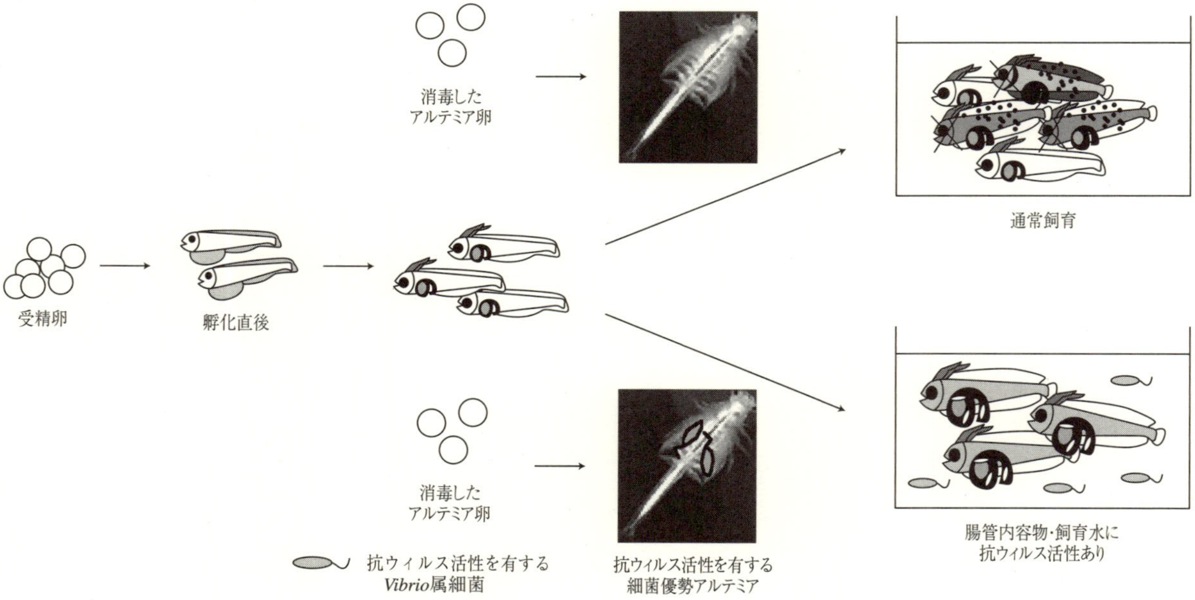

図6・5　抗ウイルス活性を有する細菌を用いた魚類ウイルス病制御の試み[3]

抗ウイルス物質産生*Vibrio*属細菌添加ワムシの経口投与によるヒラメのウイルス性表皮増生症の防除を目的に，まず，ヒラメ腸管内容物から抗ヘルペスウイルス活性を有する細菌の探索を行った．ヒラメの腸管内容物からは抗ヘルペスウイルス活性を有する細菌を33.3％の割合で分離することができた．さらに，消毒したワムシ卵を殺菌海水で孵化させた後に，抗ノダウイルス，ラブドウイルス，ヘルペスウイルス活性を有するショ糖分解能陰性の*Vibrio* sp. V-15株を添加したところ，ワムシの細菌叢は*Vibrio*属細菌が優勢となった．菌無添加ワムシの細菌叢は*Flavobacterium*属が優勢であったことから，ワムシの細菌叢は制御可能であることが明らかとなった[27]．次いで，*Vibrio* sp. V-15株が優勢となったワムシをヒラメに給餌し，14日後のヒラメ腸管内容物の細菌叢を調べた結果，菌無添加ワムシ，菌添加ワムシを給餌したヒラメの腸管内では，ショ糖非分解*Vibrio*属細菌がそれぞれ58％，100％であったことから，ヒラメ腸管内の細菌叢も制御可能であることが示された．このとき，ヒラメの生残率および成長率に対照区と差はなく，菌を給餌することによるヒラメへの悪影響はないものと考えられた．また，抗ヘルペスウイルス活性を有する*V. alginolyticus* V-23株を添加したワムシをヒラメ稚魚に給餌したときの，ヒラメ腸管内および飼育水への抗ヘルペスウイルス活性の賦与について検討した結果，10^2TCID$_{50}$のウイルスを中和する最大希釈倍数で求めた抗ヘルペスウイルス活性は，給餌10日では差が見られなかったものの，給餌20日以降，菌添加区のヒラメでは対照区の2～5倍，菌添加区の飼育水では対照区の2～4倍の抗ヘルペスウイルス活性が測定された．

このように，消毒したワムシ卵を用いて殺菌海水で孵化させたワムシに抗ウイルス物質産生腸内細菌を添加して給餌することにより，より早期のウイルス防除が期待できると考えられる．今後は，実際に病気の起こっている現場での利用を試み，その効果を試してみたいと考えている．

§7．コイヘルペスウイルスの環境水中での生存性

持続的養殖生産確保法において特定疾病に指定されているコイヘルペスウイルス（KHV）病は，2003年にわが国で初めて発生し，コイ生産業者に甚大な被害を及ぼした[28]．KHVの環境中での安定性を知ることは，防疫対策を講じ

る上で重要であり，本病が最初に発生した霞ヶ浦の湖水をはじめ東京都の鶴見川および函館市近郊河川の河川水を供試して検討を行った．

霞ヶ浦の湖水を用いた試験では，15 ℃で3日間，20～30 ℃では1日で感染性が消失した．濾過除菌湖水，高圧滅菌湖水および滅菌緩衝液を用いた試験では，15～30 ℃のいずれの温度でも，7日間は感染性を維持していた[29]．同様の傾向は，河川水を供した場合にも観察され，抗KHV活性を示す細菌も分離されている．20 ℃においてKHVが3日程度で不活化することは，コイ生体を用いた試験においても確認されている（図6･6）．河川・湖沼に放出されたKHVの不活化は，消毒液を用いることなく，自然の生態系に任せてウイルスが不活化されるのを待つのが自然に優しい方法かと考える．

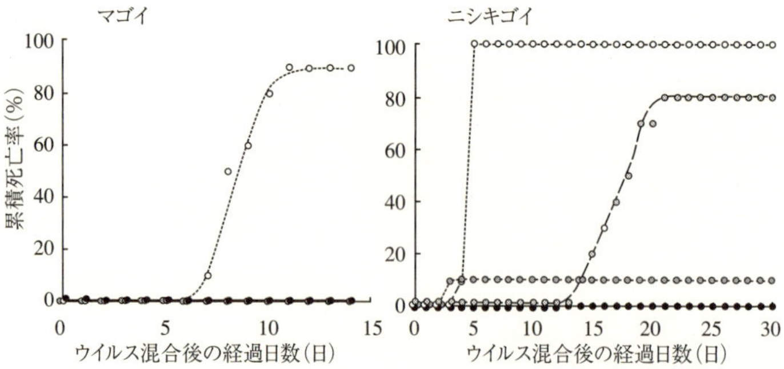

図6･6　KHVを添加した五稜郭の堀の水で飼育したときのコイの累積死亡率
……○…… 未処理0日目　－－◉－－ 未処理3日目　－－◎－－ 高圧滅菌3日目　－－●－－ 陰性対照

§8．将来展望

以上紹介した結果は，魚類のウイルス病対策への応用を目的とした研究結果であるが，前述の細菌の中にはウイルスが細胞へ感染した後のウイルス複製過程を阻害する物質を産生する株もあり，これらは今後の研究次第によっては医薬品としての利用の道が開けるものと考えられる．今まで未知の世界としてあまり調査研究対象とされてこなかった水の中の微生物，特に地球の2/3以上を占める海洋の微生物の中にはまだまだ未知の有用遺伝子源をもったものが多数存在すると考えられる．今回紹介した抗ウイルス性生理活性物質をはじめ，抗菌，抗腫瘍，酵素阻害などの生理活性物質産生細菌などの検索が精力的に行なわれている[11]．今後より多くの分野で有用微生物が，私たちの生活に役立てられることを願ってやまない．

文　献

1）T. Kimura and M. Yoshimizu : Viral diseases of fish in Japan, *Ann. Rev. Fish Dis.*, 1, 67-82（1991）.

2）吉水　守・笠井久会：魚類ウイルス病の防疫対策の現状と課題，化学と生物，43，48-58（2005）.

3）吉水　守・絵面良男：抗ウイルス物質産生細菌による魚類ウイルス病の制御, *Microbes Environ.*, 14, 269-275（1999）.

4）吉水　守・瀧澤宏子・亀井勇統・木村喬久：魚類病原ウイルスと環境由来微生物との相互作用：飼育用水中での生存性，魚病研究，2，223-231（1986）.

5）Y. Kamei, M. Yoshimizu, Y. Ezura, and T. Kimura: Screening of bacteria with antiviral activity against infectious hematopoietic necrosis virus（IHNV）from estuarine and marine environments, *Nippon Suisan Gakkaishi*, 53, 2179-2185（1987）.

6）Y. Kamei, M. Yoshimizu, Y. Ezura, and T. Kimura : Screening of bacteria with antiviral activity from the freshwater salmonid hatcheries, *Microbiol. Immunol.*, 32, 67-73（1988）.

7）吉水　守：ワクチン投与までの防疫対策，アクアネット，2，26-29（1999）.

8）Y. Kamei, M. Yoshimizu, Y. Ezura, and T. Kimura: Effect of estuarine and marine waters on the infectivities of infectious hematopoietic necrosis virus（IHNV）and infectious pancreatic necrosis virus（IPNV）, *Bull. Fac. Fish. Hokkaido Univ.*, 38, 271-285（1987）.

9）T. Yoshinaka, M. Yoshimizu, and Y. Ezura : Adsorption and infectivity of infectious hematopoietic necrosis virus（IHNV）with various solids, *J. Aquat. Anim. Health*, 12, 64-68（2000）.

10）Y. Kamei, M. Yoshimizu, Y. Ezura, and T. Kimura: Effect of environmental water on the infectivities of infectious hematopoietic necrosis virus（IHNV）and infectious pancreatic necrosis virus（IPNV）, *J. Appl. Ichthyol.*, 4, 37-47（1987）.

11）T. Kimura, M. Yoshimizu, Y. Ezura, and Y. Kamei : An antiviral agent（46NW-04A）produced by *Pseudomonas* sp. and its activity against fish viruses, *J. Aquat. Anim. Health*, 2, 12-20（1990）.

12）Y. Kamei, M. Yoshimizu, Y. Ezura, and T. Kimura : Isolation and characterization of antiviral substance against salmonid viruses, 46NW-04A produced by an aquatic bacterium, *Pseudomonas fluorescens* 46NW-04, in "Salmonid Diseases" ed by T. Kimura, Hokkaido University Press, 1992, pp. 293-300.

13）吉水　守：魚類の消化管内細菌（好気性細菌），水産増養殖と微生物（河合　章編），恒星社厚生閣，1986，pp.9-24.

14）M.Yoshimizu and T.Kimura: Study on the intestinal microflora of salmonids, *Fish Pathol.*, 10, 243-259（1976）.

15）吉水　守・木村喬久・坂井　稔：サケ科魚類の腸内細菌叢に関する研究-Ⅰ．飼育魚の腸内細菌数と細菌叢，日水誌，42，91-99（1976）.

16）吉水　守・木村喬久・坂井　稔：サケ科魚類の腸内細菌叢に関する研究-Ⅱ．人為的海水移行および餌止め飼育の腸内細菌叢におよぼす影響，日水誌，42，863-873（1976）.

17）吉水　守・木村喬久・坂井　稔：サケ科魚類の腸内細菌叢に関する研 究-Ⅲ．海洋棲息魚の腸内細菌叢，日水誌，42，875-884（1976）.

18）吉水　守・木村喬久・坂井　稔：サケ科魚類の腸内細菌叢に関する研究-Ⅳ．河川及び湖沼棲息魚の腸内細菌叢，日水誌，42，1281-1290（1976）.

19）吉水　守・木村喬久・坂井　稔：サケ科魚類の腸内細菌叢に関する研究-Ⅴ．遡河魚の腸内細菌叢，日水誌，42，1291-1298（1976）.

20）吉水　守・木村喬久・坂井　稔：サケ科魚類の稚仔魚期における腸内細菌叢の形成時期について，日水誌，46，967-975（1980）.

21）M. Yoshimizu, Y. Fushimi, K. Kouno, C. Shinada, Y.Ezura, and T.Kimura: Biological control of infectious hematopoietic necrosis by antiviral substance producing bacteria, in “Salmonid Diseases”, ed by T.Kimura. Hokkaido University Press, 1992, pp. 301-307.

22）M.Yoshimizu and T. Kimura: Production of anti-infectious hematopoietic necrosis virus（IHNV）substances by intestinal bacteria, in “The Third Asian Fisheries Forum”, ed by L.M. Chou, A.D. Munro, T. J. Lam, T. W. Chen, L. K .K. Cheong, J.K. Ding, K.K. Hooi, H.W. Khoo, V.P.E. Phang, K.F. Shim and C.H.Tan. Asian Fisheries Forum, Manila, 1994, pp.310-314.

23）吉水　守・石川香織・河野和子・岩山奈央・木村喬久：種苗生産施設におけるヒラメ稚魚の細菌叢，北大研究彙報，50，193-200（1999）.

24）K. Watanabe, S. Suzuki, T. Nishizawa, K. Suzuki, M. Yoshimizu, and Y. Ezura: Control strategy of viral nervous necrosis of barfin flounder, *Fish Pathol.*, 33, 445-446（1998）.

25）K. Watanabe, T. Nishizawa, and M. Yoshimizu : Selection of brood stock candidates of barfin flounder using an ELISA system with recombinant protein of barfin flounder nervous necrosis virus, *Dis. Aquat. Org.*, 41, 219-223（2000）.

26）渡辺研一・篠崎大祐・小磯雅彦・桑田博・吉水　守：シオミズツボワムシ複相単性生殖卵の消毒，日水誌，71，294-298（2005）.

27）清水智子・篠崎大祐・笠井久会・澤辺智雄・渡辺研一・吉水　守：細菌叢を制御したシオミズツボワムシを投与したヒラメの腸内細菌叢，水産増殖，53，275-278（2005）.

28）M. Sano, T. Ito, J. Kurita, T. Yanai, N. Watanabe, S. Miwa, and T. Iida: First detection of koi herpesvirus in cultured common carp *Cyprinus carpio* in Japan, *Fish. Pathol.*, 39, 165-167（2004）.

29）T.Shimizu, N. Yoshida, H. Kasai, and M. Yoshimizu: Survival of koi herpesvirus（KHV）in environmental water, *Fish. Pathol.*, 41, 153-157（2006）.

7章　海藻のマリンサイレージとしての有効利用

内 田 基 晴*

§1. マリンサイレージ（海藻発酵飼料素材）の研究開発の背景

微生物を制御するための一手段として，発酵を利用することが有効であることは，古くからよく知られてきた．発酵においては，高塩分，嫌気，低pHといった発酵微生物にとって生育に適した環境条件が整い，またバクテリオシンなど発酵微生物が自発的に作り出す抗菌物質のはたらきなどもあり，雑菌としての競合微生物の成育が抑制されている．しかし，このような発酵技術は，主に陸上の生物素材を基質として経験的に開発されてきた歴史があり，魚介藻類などの海洋の生物素材を発酵させる技術は，魚醤や鰹節の製造に関わるものなど少数の事例に限られる．特に海洋の植物性素材，すなわち藻類を発酵させることに関しては，食品あるいは食糧生産に利用する目的での研究開発は，ほとんど見当たらない．このことは，身の回りに溢れる発酵食品の中に藻類を発酵させてできた製品が見当たらないことからも容易に理解できよう（図7･1）．こ

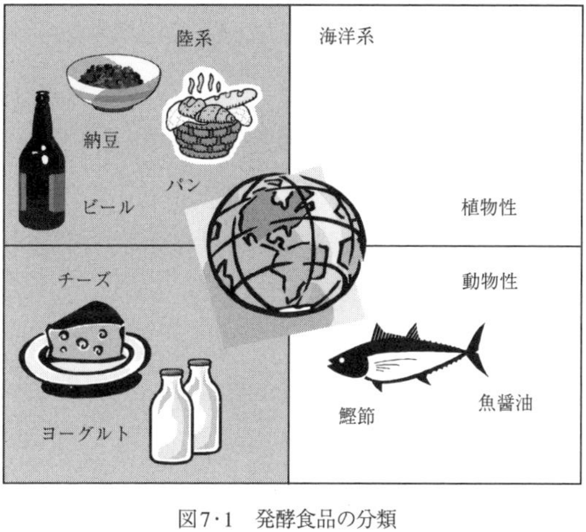

図7･1　発酵食品の分類

*（独）水産総合研究センター瀬戸内海区水産研究所

のような背景から，藻類の発酵素材を新たに開発することで，食品，餌飼料，肥料など様々な分野で利用される新しい素材を得ることが期待され，それら全体として藻類発酵産業ともいうべき新産業の創出へと発展することが期待される（図7･2）．

本章では，藻類発酵素材の先駆けとして開発された海藻の乳酸発酵素材について概説し，その研究過程で得られた微生物制御に関連した知見を述べるとともに，産業利用に向けた現在進行形の取り組みを紹介する．なお，マリンサイレージという言葉は，海藻（藻類）を発酵させて得られた素材のうちで餌飼料としての利用を目的としたものと定義して使用するものとする．

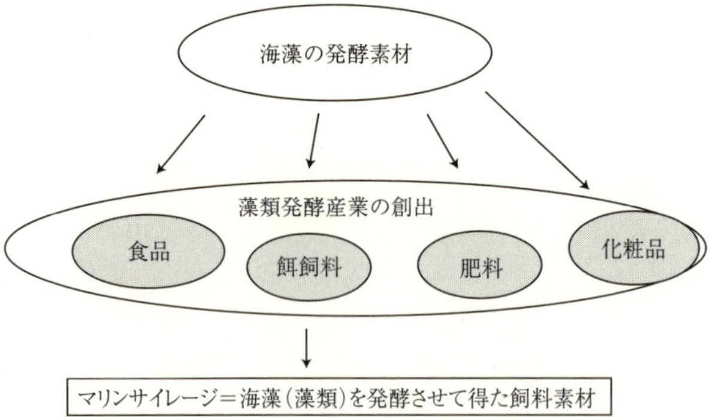

図7･2　海藻発酵素材の開発により期待される藻類発酵産業の創出

§2．マリンサイレージ調製技術の概要と微生物制御

筆者らが開発した海藻を乳酸発酵させる方法[1]は，海藻に対して糖化酵素と乳酸菌を同時に添加する方式で，糖化酵素のはたらきで細胞壁多糖（主にセルロース由来と考えられる）からグルコースなどの発酵基質が生成し，これを乳酸菌が資化して乳酸が生成する（図7･3上段）．ただし，色落ちしたノリやアオサ（*Ulva* spp.）を発酵させると通常の藻体よりも乳酸生成量が多いことが最近報告されており，これらの例では貯蔵糖系の物質が発酵基質となっている可能性が指摘されている．

代表的な調製法としては，海藻藻体を乾物換算で5～10％（w/w）の濃度で水もしくは食塩水に懸濁させ，糖化酵素と乳酸菌を添加して気密性の保てる

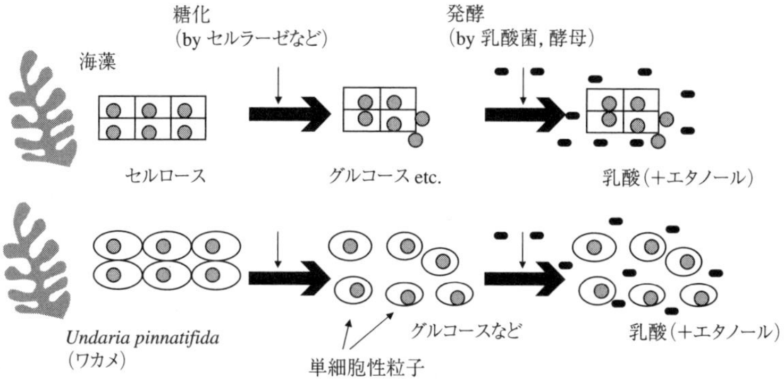

図7･3　海藻の発酵プロセス（下段は単細胞化が伴う発酵）

容器の中で，20～37℃下で3～14日間，静置もしくは振とう培養を行う[2]．微生物制御の観点からは，①糖化酵素，②食塩（通常は3～5％終濃度で使用），③乳酸菌の3要素の添加が，雑菌の生育を抑制するためのハードル因子として重要となる．糖化酵素としては，市販セルラーゼを単独で海藻懸濁液に対して0.1～1％（w/w）の終濃度になるように添加することで大抵の場合，乳酸発酵を達成できる．さらに海藻組織の単細胞化（図7･3下段）や液状化も期待する場合には，海藻の種類によって選択したペクチナーゼなどの種類の異なる糖質分解酵素を併用して添加することが効果的である．例えば，ワカメの場合には，セルラーゼ単独の添加で藻体組織が単細胞化するが[2]，アオサの場合には，セルラーゼとマセロザイムとを併用することで単細胞化させることができる．また，培養時に軽く振とうや撹拌を行うことも単細胞化を促進する上で効果が大きい．微生物スターターについては，当初アオサ発酵試料から同時に分離された乳酸菌1種（*Lactobacillus brevis* B5201株）と海産酵母2種（*Debaryomyces hansenii* var. *hansenii* Y5201株，*Candida* sp. Y5206株）からなる3種類の微生物を10^6CFU / m*l* 程度の初発菌数となるように混合接種して使用していた[1]．この場合，発酵産物としては，乳酸菌と酵母がそれぞれ作用し，乳酸とエタノールの両方が産生される（表7-1）[1]．その後，乳酸菌を単独で接種した方が乳酸生成量が多くなることが確認され，雑菌の生育抑制の面から好ましいと考えられたことから[3]，現在では海藻を単に乳酸発酵させることが目的である

表7･1　色々な海藻に対して乳酸菌・酵母を添加して発酵させたときの発酵産物

海藻		分類	発酵産物（g / 100 m*l*）	
			乳酸	エタノール
スギノリ	*Chondracanthus tenellus*	紅藻類	＋（0.25）	＋（0.18）
オゴノリ	*Gracilaria vermiculophyra*		＋（0.31）	＋（0.23）
イバラノリ	*Hypnea charoides*		＋（0.22）	＋（0.16）
シキンノリ	*Chondracanthus charoides*		＋（0.16）	＋（0.18）
オバクサ	*Chondracanthus teedill*		＋（0.12）	＋（0.08）
キントキ	*Prionitis angusta*		＋（0.25）	＋（0.17）
ヒトツマツ	*Prionitis divaricata*		＋（0.25）	＋（0.41）
オオブサ	*Gelidium linoides*		＋（0.18）	＋（0.12）
ミゾオゴノリ	*Gracilaria incurvata*		＋（0.25）	＋（0.12）
ウミウチワ	*Padina arborescens*	褐藻類	−（＜0.01）	＋（0.08）
オオバモク	*Sargassum ringgoldianum*		±（0.01）	＋（0.04）
ヒジキ	*Hizikia fusiformis*		±（0.01）	＋（0.24）
イシゲ	*Ishige okamurae*		±（0.01）	＋（0.10）
フクリンアミジ	*Dilophus okamurae*		±（0.02）	＋（0.04）
アラメ	*Eisenia bicyclis*		＋（0.02）	＋（0.03）
ワカメ	*Undaria pinnatifida*		＋（0.23）	＋（0.38）
茎ワカメ	*Undaria pinnatifida*		＋（0.25）	＋（0.12）
マコンブ	*Laminaria Japonica*		＋（0.16）	＋（0.15）
アオサ（横浜産1）	*Ulva* sp.	緑藻類	＋（0.76）	＋（0.16）
アオサ（横浜産2）	*Ulva* sp.		＋（0.45）	＋（0.41）
アマモ	Zostera marina	顕花植物	＋（1.14）	＋（0.26）

培養液組成：0.5 g 海藻粉末（1 mm メッシュ通過），0.1g セルラーゼR-10，9 m*l* 滅菌3.5 % NaCl 水．乳酸菌と酵母をスターターとして接種した．培養条件20 ℃，5 rp，密栓，7 日間．

場合には，乳酸菌の単独接種方式が用いられている．乳酸菌には，1 分子のグルコースから 1 分子の乳酸を生成するヘテロ型代謝のものと 2 分子の乳酸を生成するホモ型代謝のものがいる．当初，海藻発酵試料から分離されてスターターとして用いられていた菌株はヘテロ型の *L. brevis* であったが，検討の結果，*Lactobacillus plantarum*，*Lactobacillus casei*，*Lactobacillus rhamnosus* の 3 菌種も雑菌の生育抑制能が優れていることが新たにわかった（図7･4）[4]．これらの菌種はホモ型菌であるため，乳酸生成量が多く，pH の低下作用が大きいことが有利にはたらいていると考えられるが，ホモ型乳酸菌の全てが雑菌の生育抑制能に優れているわけでは必ずしもない．図7･4 のデータは，被験乳酸菌株をスターターとしてワカメ試料に接種し，1 週間培養した後に菌相を調べ，その菌種が試料中の菌相のうちの何％を占めているかで評価した結果であるが，*Lactobacillus acidophilus* や *Lactobacillus kefir* など乳発酵で使用されるホモ型菌種の場合，試料中での優占能は高くないと評価された．なお，上記の評価は20 ℃下での培養試験の結果に基づいて行われた．動物体温に近い温度下で発酵試験を行えば，もう少し違った結果が得られた可能性はあるが，海藻バイオマスを発酵させて飼料として産業利用することを想定した場合，コスト的な面から加温することが困難であると考えられたので，室温域下での評価を行った．またコストや品質保持の観点から海藻原料は滅菌処理されていないものを使わざるを得ないケースも多いと予想されるが，細菌が多数付着しているワカメやアオサの生藻体を基質としても，市販されている乾燥乳酸菌（*L. casei, L. plantarum*）をスターターとして使用して，雑菌の生育を抑制したかたちで乳酸発酵させることが十分可能であった．ただし，食塩を添加しないで発酵を実施した場合には，乳酸菌以外の雑菌が一部出現して試料が変敗し易い

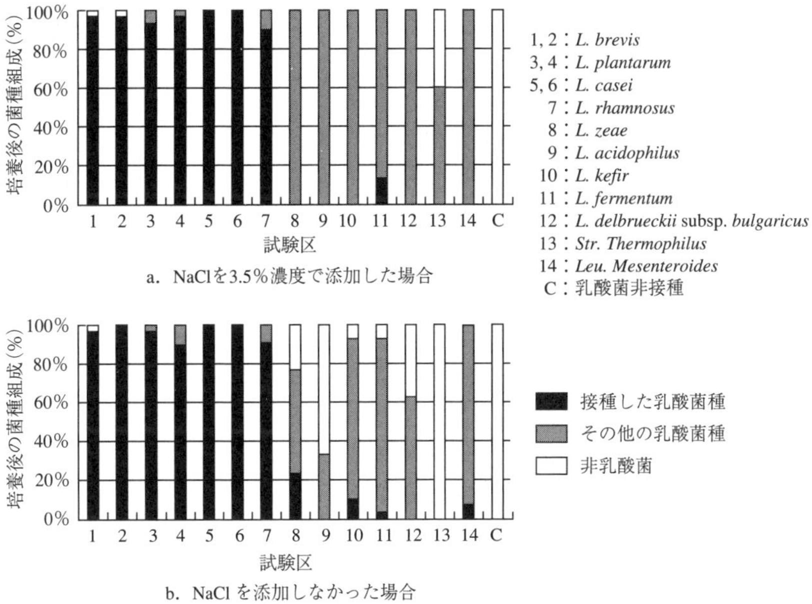

a. NaClを3.5％濃度で添加した場合

b. NaClを添加しなかった場合

図7･4　色々な種類の乳酸菌を糖化酵素とともにワカメ懸濁液に接種した場合の優占率（発酵試料から無作為に30株を分離･同定して算出）

傾向にあることが観察された．試料が変敗した場合には，多くの場合ガスが発生し，強い異臭が伴う場合が多かった．変敗が観察されたワカメ試料から寒天平板法により無作為に菌を分離して16S rRNA遺伝子の塩基配列を決定して系統解析した結果，*Bacillus cereus* groupの菌が62.7％，*Bacillus fusiformis-B. sphaericus* groupの菌が15.7％，その他の菌種が21.6％の割合で出現していた（図7･5）[4]．*B. cereus* groupとされた分離株は，決定された16S rRNA遺伝子の塩基配列（1470 bp）が，*B. cereus*標準株のそれと100％一致していた．*B. cereus*は，毒素型の食中毒菌としてよく知られている．ワカメ変敗試料から分離された菌株が毒素を産生して問題となる菌株かどうかは現在のところ不明であるが留意すべき点であろう．ただし，上記*Bacillus cereus* group

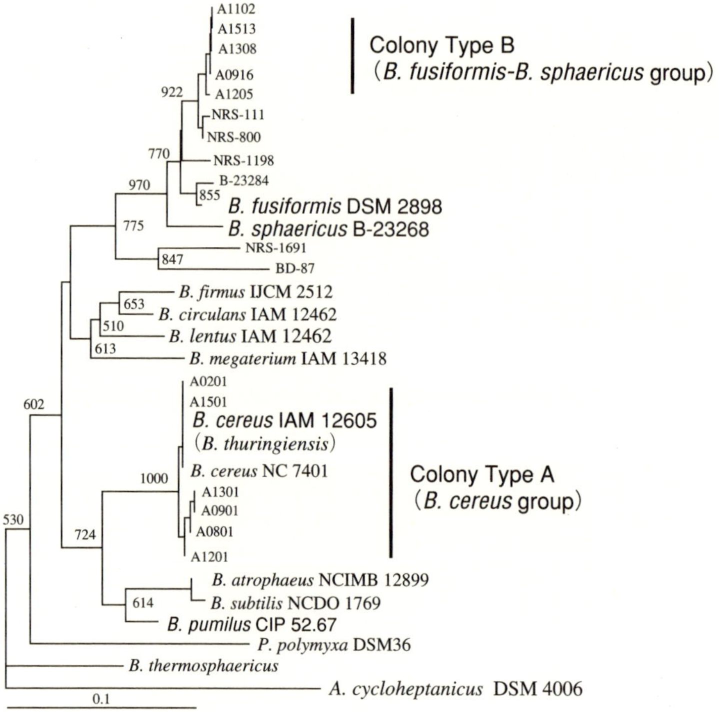

図7･5　変敗したワカメ試料から分離された菌株の16S rRNA遺伝子塩基配列に基づく分子系統解析（Aの後に4桁の数字が続く番号の菌株が分離株）

の菌の生育が起こった場合には，大量のガスが発生するなどの特徴があるため，すぐに危険の予知が可能である上，食塩を添加して発酵させることで，*Bacillus cereus* groupの菌の生育が起こらなくなるので，実際には対処が可能である．

一方，食品衛生学的に問題となる菌種が発酵変敗試料から分離されたことから，その混入経路を特定するため原料として用いた乾燥ワカメ粉末試料中に含まれる細菌相について調べた．乾燥ワカメ中の一般生菌数は，10^3 CFU / g以下であり，通常の細菌検査法では，検出限界以下と判定される程少ない．複数の寒天平板培地を試し，試験方法について工夫を加えた結果，ワカメ粉末中には約300 CFU/gの生菌が計数された．また試料を60～80℃で加熱前処理することで計数されるコロニーが増えることを観察したことから，計数された菌のうちの少なくとも一部は芽胞の状態で存在することが示唆された．菌数計測時に寒天平板上に形成されたコロニーを無作為に33株分離して，その16S rRNA遺伝子の塩基配列を決定して系統解析を行った結果，分離された菌株は全て*Bacillus*属もしくはそれに近縁な*Paenibacillus*属の細菌で，そのうち*B. cereus* groupとされた分離株は，2株（6.1％），*B. fusiformis*-*B. sphaericus* groupの菌が8株（24.2％）であった（図7･6）[4]．したがって，*B. cereus* groupの菌株は，原料粉末中での存在割合はそれ程多くないが，発酵変敗した場合に集積してくることが示唆された．なお，ワカメ以外の海藻粉末にも*B. cereus* groupの菌株が存在しているか，また発酵変敗時に増殖して優占してくるかどうかについては不明である．

一方，海藻から分離される*Bacillus*属類縁菌は，食品衛生学的な観点とは別に，逆に産業利用の観点からも注目される．一般に*Bacillus*属細菌は，高分子有機物の分解力が強いことが知られるとともに，納豆菌のように食品分野で使用実績のある菌種も含まれていることが理由である．これまで海洋環境中から分離され報告された*Bacillus*属類縁菌は，底泥を分離源としている場合が多いように見受けられるが，上記でワカメ試料から分離され，分子系統解析された33株については，そのうちの約60％が未記載種とみなされた．したがって，海藻試料を分離源とすることで，新奇な海産*Bacillus*属類縁菌が得られると期待される．しかも，海藻を起源として分離される菌は，海藻成分を資化する可

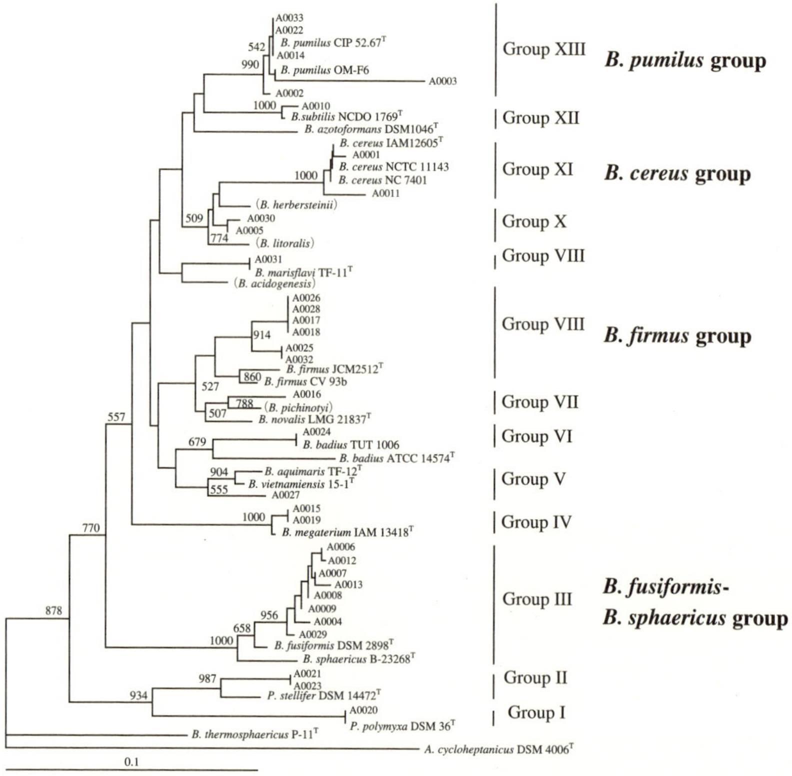

図7·6　原料のワカメ粉末から無作為に分離された菌株の16S rRNA遺伝子塩基配列に基づく分子系統解析（Aの後に4桁の数字が続く番号の菌株が分離株）

能性が高いと考えられるので，これらの分離株の中から，海藻糖質の分解・発酵能を有する菌を検索することで，新しいタイプの海藻発酵技術の開発につながると期待される．そこで前述のワカメから分離された33株のうち19株について，市販のキット（バイオメリュー，API50CH）を使用して49種類の糖質に対する有機酸発酵能を調べた．その結果，同じワカメ粉末試料から分離された*Bacillus*属類縁菌株であるにもかかわらず，系統分類学的な多様性と同様，糖質発酵能についても大きな多様性が認められた．例えば，*Paenibacillus stellifer*に近縁とされたA0021株の場合，30種類の糖質に対する有機酸発酵能を示したのに対し，*Bacillus badius*に近縁とされたA0024株の場合，グリセロールとリボースの2基質に対してのみ，有機酸発酵能を示した（表7·2）．また発酵基質から見るとグルコースやフルクトースのように大多数の菌株により発酵利用されうる糖質がある一方，キシリトールやラムノースなどのように発酵基質として利用されにくい糖質もあることが認められた．このように利用されにくい糖質に対する発酵能やあるいは高分子多糖を直接的に発酵基質として利用できるような希少な菌株を探して利用することで海藻の発酵技術のバリエーションが広がり，藻類発酵産業の創出に役立つものと期待される．

表7·2　原料ワカメ粉末から分離された菌株の糖質発酵能（一部を抜粋）

分離菌株番号	グリセロール	エリスリトール	リボース	D-キシロース	ガラクトース	グルコース	フルクトース	マンノース	ラムノース	イノシトール	マンニトール	ソルビトール	セロビオース	マルトース	ラクトース	シュークロース	トレハロース	スターチ	グリコーゲン	キシリトール	L-フコース	D-アラビトール	グルコン酸
A0014	+	−	+	+	−	+	+	+	−	+	+	+	+	+	+	+	+	+	+	−	−	−	−
A0015	+	−	+	+	+	+	+	+	−	+	+	−	+	+	+	+	+	+	+	−	−	−	±
A0016	+	−	+	+	+	+	+	+	+	−	+	+	+	+	−	+	+	−	+	−	−	−	−
A0017	−	−	−	−	+	+	+	−	−	−	+	−	±	+	+	+	+	+	+	−	−	−	−
A0018	+	−	−	±	−	+	±	−	−	−	+	−	−	+	+	±	+	+	−	−	−	−	−
A0019	+	−	+	+	+	+	+	−	−	+	+	−	+	+	+	+	+	+	+	−	−	±	+
A0020	+	−	+	+	+	+	+	+	−	−	+	−	+	+	+	+	+	+	+	−	+	−	+
A0021	+	−	−	+	+	+	+	+	+	−	−	+	−	+	+	+	+	+	+	−	+	−	+
A0022	+	−	+	+	+	+	+	+	+	+	+	−	+	+	±	+	+	−	+	−	−	−	+
A0024	+	−	+	−	−	−	−	−	−	−	−	−	−	−	−	−	−	−	−	−	−	−	−
A0025	+	−	−	−	+	+	+	+	−	−	+	−	+	+	+	+	+	+	+	−	−	−	−
A0026	+	−	−	+	+	+	+	−	−	−	+	+	+	+	+	+	+	+	+	−	−	−	−
A0027	−	−	−	±	−	+	+	+	−	−	±	−	+	+	−	−	+	+	±	−	−	−	±
A0028	+	−	−	+	+	+	+	−	−	−	+	+	+	+	+	+	+	+	+	−	−	−	±
A0029	−	−	−	−	−	−	−	−	−	−	−	−	−	−	−	−	−	−	−	−	−	−	−
A0030	+	−	−	+	+	+	+	+	+	−	+	−	+	+	+	+	+	+	+	−	−	+	+
A0031	+	−	+	−	+	+	+	+	−	−	+	+	+	+	−	+	+	+	−	−	−	−	−
A0032	+	−	−	+	+	+	+	+	−	−	+	−	+	+	+	+	+	+	+	−	−	−	−
A0033	+	−	+	+	+	+	+	+	−	±	+	−	+	+	+	+	+	−	−	−	−	−	−

§3．増養殖分野におけるマリンサイレージの産業利用の検討

海藻発酵素材は，様々な分野で利用されていく可能性を有しているが，それらのうちで水産餌飼料としての利用の可能性について，1）配合飼料に添加する方法，2）単細胞化して微細藻類の代替飼料として使用する方法，3）粗放

的な利用法の3つに分けてこれまでの検討結果を述べる．最初に配合飼料に添加する方法での利用を検討した．国際市場で最も安価に入手できる海藻の1つであるエクロニア（褐藻類）を原料として乳酸発酵物を調製し，これを10％添加した配合飼料を，イリドウイルスを人為的に感染させたマダイに対し投与した結果，マダイの生残率が，有意に高まることが確かめられた（図7·7）[5]．海藻を発酵させずに配合した場合でも，免疫能の賦活にある程度効果があったが，成長速度がやや劣るという問題があったのに対し，海藻を発酵させて配合した場合には，魚の摂餌量が増加し，成長速度に違いが見られなかった．最近，海藻や乳酸菌の菌体を個別に配合することで魚類の免疫能が高められるとする知見が蓄積しつつあるが，海藻発酵素材には，海藻も乳酸菌も両方含まれているため相加的な効果が現れたものと理解される．

次に単細胞化して利用する例として，ワカメから調製したマリンサイレージ（MS）を，アコヤガイ初期稚貝に対して投与する試験を行った．好適な微細藻餌料であるカルシトランス（*Chaetoceros calcitrans*）を適量（30,000 cells / m*l*）投与した場合の殻成長速度を100％，無給餌区のそれを0％とした場合，ワカメMSを適量（20,000 cells / m*l*）投与すると，18.5％相当の一定の飼料

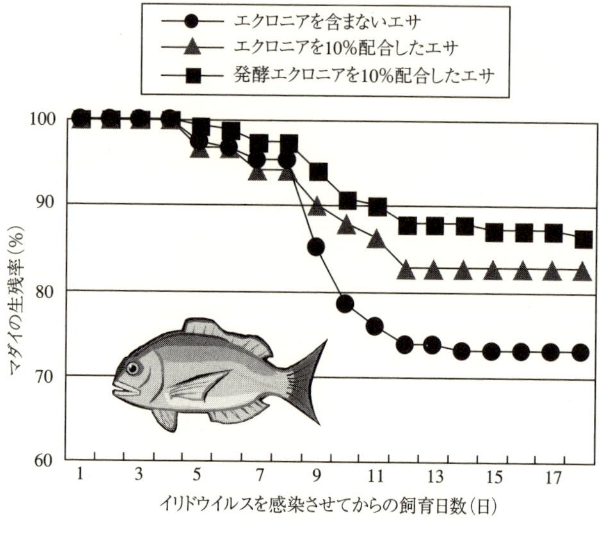

図7·7　マダイにイリドウイルスを感染させて経過を観察した実験結果[5]

効果を示した（表7·3）[6]．さらにワカメMSに対してカルシトランスを1割程度（3,000 cells / m*l*）併用して投餌すると，殻成長速度は75.8％相当まで大きく向上した．海藻類は脂質含量が微細藻類に比べて極めて少ないという特色があるが，微細藻類を併用給餌することで，例えばこのような脂質などの律速となっている栄養成分が補われて飼料効果が向上したことが考えられた．次に通常，濃縮淡水クロレラ（V12）を単独投与（100％）して大量培養がなされているシオミズツボワムシに対して，その餌料の一部（20％，50％）をワカ

表7·3　ワカメマリンサイレージのアコヤガイ稚貝に対する飼料効果[6]

試験区	給餌濃度（細胞 / m*l*）	殻成長率（平均*±SE，μm /日）	（%）
無給餌	0	−10　±14[c]	0.0
キートセロス（CC）	3×10^4	168　±33[a]	100.0
1/10CC	3×10^3	11　±10[bc]	11.8
単細胞化·乳酸発酵ワカメ（MS）	2×10^4	23　±13[b]	18.5
MS＋1/10 CC	2×10^4（MS）＋3×10^3（CC）	125　±13[a]	75.8

*　生残した稚貝の平均値．上付英文字は，有意差を示す（$p<0.05$）

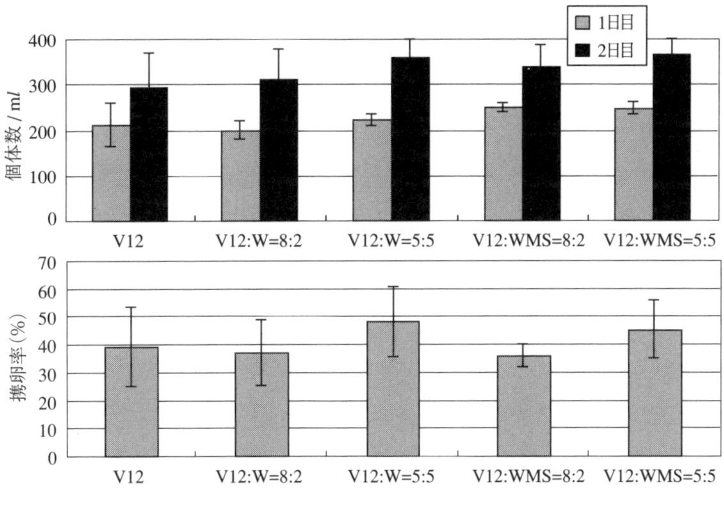

図7·8　濃縮淡水クロレラに代替してワカメおよびワカメMSを給餌したワムシの増殖（上段）および携卵率（下段）[5]（V12：濃縮淡水クロレラ，W：乾燥ワカメ，WMS：ワカメ乳酸発酵物）

メMSで代替して2日間投与したところ，50％程度まで代替しても，細胞増加速度と携卵率の成績から判断して問題ないと評価された（図7·8）[5]．発酵処理していないワカメをナイロンメッシュで濾過して25 μm以下の粒子を与えても同様の効果があったが，歩留まりが悪く，単細胞化されている点でワカメMSの方が有利と考えられた．濃縮淡水クロレラは，冷蔵保存で取り扱う必要があり，また硫黄系の臭気が強烈であるが，ワカメMSは室温放置で18ヶ月以上の長期保存が可能であることが確かめられており，臭気もほとんどないなど長所も多い．特に冷蔵施設が整備されていなかったり，電力供給が安定していなかったりする発展途上国などで使用される場合には有利と考えられた．

最後に，内湾域で近年大量発生して問題となっているアオサをマリンサイレージに変換して，同じ海域に生息するアサリの飼料として粗放的に利用できないかを検討した結果を述べる．アオサは，セルラーゼ単独による糖化処理では単細胞化しなかったので検討を加えた結果，セルラーゼとともにマセロザイムを併用し，酵素活性の阻害要因となる塩化ナトリウムを添加しないで発酵させることで，比較的安価に単細胞化した乳酸発酵物を得られるようになった（図7·9）．ただし，アオサMSは，ワカメなどの褐藻類と異なり，細胞を包み込むように存在するアルギン酸に類するような多糖構造がないため，単細胞化したアオサはその一部が破損して，上清中にかなりのタンパク系の栄養成分が流出していることが認められた．このように技術的にはまだ検討の余地が残されているものの，次に大量調製の検討が行われた．浜名湖においては，毎年のようにアオサが大量発生しており，静岡県や浜名湖アオサ利用協議会などによりアオサの有効利用に向けた取り組みがなされてきた．2005年，浜松市の白州町において，関東経済産業局の補助金事業の下で民間企業により300l規模でMS

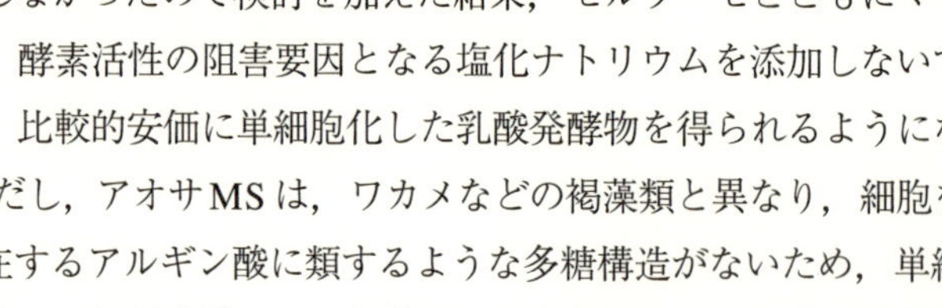

アオサ（発酵前）　　アオサ（発酵後）

図7·9　浜名湖のアオサを原料として大量調製されたマリンサイレージ

を調製するための装置マリンサイロの開発が行われ，実証試験により，大量調製することに目途が立ちつつある．このようにして得られたアオサMSを単独給餌のかたちで水槽に収容したアサリ稚貝に対して投与したところ，期待に反して成長効果は全く認められなかった．さらにカルシトランス餌料と併用給餌した場合には，カルシトランスによる飼料効果を低減させるような負の効果が認められた（図7·10，未発表）．このような負の飼料効果は，発酵させていないアオサの粉末微粒子を稚界に投与した場合にも同様に認められ，元々のアオサにアサリ稚貝の成長を抑制する物質が含まれていることが示唆された．ちなみにアオサを微粒子素材にしないで，新鮮な藻体を水槽に浮遊させただけでもアサリ稚貝の成長を明確に阻害することがわかり，アオサは単に有効利用が期待されるバイオマス資源という位置づけから，アサリという重要水産資源生物に負の影響を及ぼす可能性があって何らかの対処がなされることが望ましいHAB（Harmful algal bloom）生物の一種とみなされるべきとも考えられた．

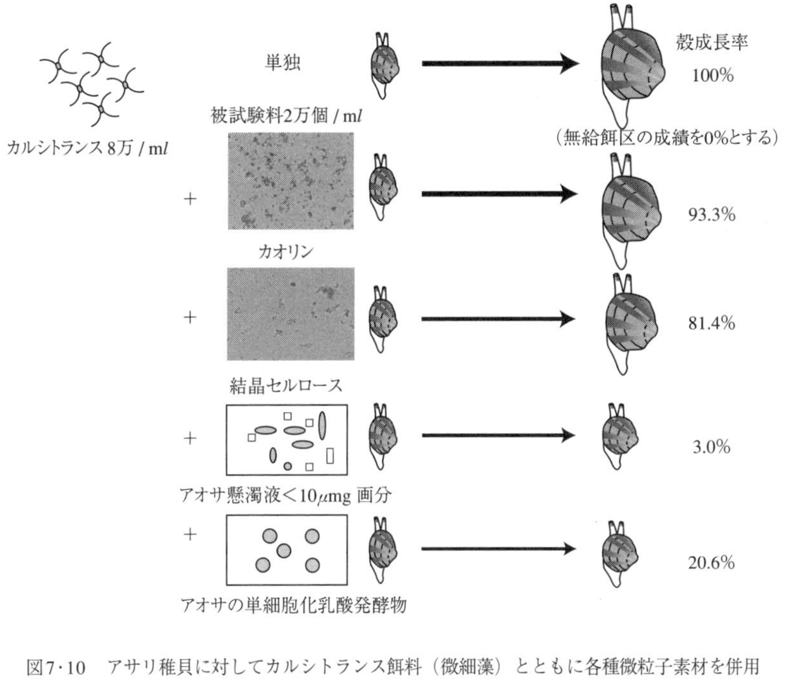

図7·10　アサリ稚貝に対してカルシトランス餌料（微細藻）とともに各種微粒子素材を併用投与した場合の成長成績

§4. 今後の展望

海藻を乳酸発酵させて得られた素材について，水産飼料として有用性を証明する科学的知見が集積しつつある．アオサMSについては，そのままではアサリの飼料として利用することは難しいという結果に終わっているが，現場から取り上げて食品，畜産飼料，肥料素材などとしての利用を検討していく方向も考えられよう．特にアオサ発酵試料の上清にはラムナン硫酸由来と見られるオリゴ糖が蓄積しており，有効利用の観点から注目される．また生態系においてはアオサ藻体の微生物分解が自然に起こっているのであり，それによって起こる水産資源への負の効果を軽減する方向で知恵を出していくことも意味があると考える．農業では，畑に生えた雑草を抜いて微生物の力を借りて土に戻すようなことが普通に行われるが，海においても増え過ぎて困る藻体（微細藻も含めて）を微生物の力を借りて低コストで分解処理するとともに生産性の向上にも寄与させていく技術づくりがなされるべきであろう．

文　献

1）M. Uchida and M. Murata : Isolation of a lactic acid bacterium and yeast consortium from a fermented material of *Ulva* spp.（Chlorophyta）, *J. Appl. Microbiol.*, 97, 1297-1310（2004）.

2）M. Uchida and M. Murata: Fermentative preparation of single cell detritus from seaweed, *Undaria pinnatifida*, suitable as a replacement hatchery diet for unicellular algae, *Aquaculture*, 207, 345-357（2002）.

3）M. Uchida, H. Amakasu, Y. Satoh, and M. Murata: Combinations of lactic acid bacteria and yeast suitable for preparation of marine silage, *Fish. Sci.*, 70, 507-517（2004）.

4）M. Uchida, M. Murata, and F. Ishikawa: Lactic acid bacteria effective for regulating the growth of contaminant bacteria during the fermentation of *Undaria pinnatifida*（Phaeophyta）, *Fish. Sci.*, In press.

5）ニューフードクリエーション技術研究組合：食品産業における次世代型発酵技術の開発，平成16年度研究成果報告書，81-91（2005）.

6）M. Uchida, K. Numaguchi, and M. Murata : Mass preparation of marine silage from *Undaria pinnatifida* and its dietary effect for young pearl oysters, *Fish. Sci.*, 70, 456-462（2004）.

Ⅲ．微生物による環境保全

8章　極限環境微生物による地球温暖化への挑戦

西村　宏*・左子芳彦*

産業革命以降，人間活動に要するエネルギーは飛躍的な増加を見た．1970年代に地球全体の平均気温が，かつてない早さで上昇する地球温暖化が提唱され，それは化石燃料の消費による温室効果ガス（二酸化炭素，メタン，フロンなど）の増加が一因であると考えられてきた．2007年2月に発表された地球温暖化が人為的なものであるというIPCC（Intergovernmental Panel on Climate Change）の報告は記憶に新しいところである[1]．地球温暖化による気候変動に加えて，石油や天然ガスといった化石燃料の枯渇によるエネルギー危機の問題もあり，われわれ人類の持続的発展（sustainable development）が危ぶまれている．そんな中，持続的発展を可能にするエネルギーの1つとして水素エネルギーがある．水素を一次エネルギーとして用いた場合，排出されるのは水（H_2O）のみであり，さらに石油を燃焼させる反応系よりも高い効率でエネルギーが用いられるという利点がある．しかしながら，水素エネルギー社会の構築は，水素そのものの生産も含めて数多くの課題を抱えており，その実現はいまだ遠いのが現状である．そのような課題に対して工学分野からは多数のアプローチが古くからなされており，優れた燃料電池の開発や水素吸蔵合金など多くの発明がなされている．生物学分野からも特殊な培養条件下での真核細胞性緑藻や原核生物の水素生産[2]をはじめとする報告があがっており，生物の持続性を水素エネルギー生産に応用する努力がなされている．1960年代より進行した極限環境微生物の研究は，遺伝子増幅用ポリメラーゼ連鎖反応（PCR）の一般化の元になった好熱菌由来のDNAポリメラーゼをはじめとする数々の工学的応用可能な酵素をもたらした[3]．1980年代から80℃以上の至適増殖温度をもつ超好熱菌が次々と分離されてきたが，それらの多くはエネルギ

* 京都大学大学院農学研究科

ー媒体として水素を用いることがわかってきた[4]．そこで本章では，環境微生物による水素生産の実例を主とした，水素エネルギーへの微生物学的な取り組みについて紹介する．

§1．海洋熱水環境と超好熱菌

海洋底プレート境界や海嶺では地球化学エネルギーが熱として放出され，その結果，高温の海水の湧出される熱水孔が形成される．深海探査船の開発は，大西洋中央海嶺，東太平洋海膨，沖縄トラフそして小笠原水曜海山といった多数の深海熱水孔の地球化学的，微生物学的研究に寄与した．その結果，熱水噴出孔周辺には無脊椎動物や甲殻類を含む高密度で特異な生物群集を維持する生態系が存在することが明らかになってきた．さらに，深海熱水孔の多くは水素，メタンそして硫化水素など還元性の高い物質を大量に放出し，周囲の海水と混合して多様な微環境が形成されることがわかってきた．

近年熱水孔チムニー構造物から直接DNAを抽出して，16S rRNA遺伝子をPCR法により増幅して分子系統解析を行い，難培養性の好熱菌の生態系を明らかにする研究がなされてきた．その結果，表層域では超好熱性発酵古細菌Thermococcalesが最も高い生菌数を示し，ついで好熱性水素／硫黄酸化細菌Aquificales，そして常温性－中等度好熱性水素／硫黄酸化細菌ε-Proteobacteriaの順であった．チムニー表層では微生物群集の多様性および培養可能な微生物の割合が最も高く，チムニー表層域ほど微生物活動が高いことが示唆された．これまでの分子生態学的研究で，世界各地の熱水環境において沖縄トラフの伊平屋北熱水孔でも確認された機能未知のε-Proteobacteriaが普遍的に優占し，噴出孔近傍における重要な一次生産者であると考えられていた．本系統群はこれまで難培養性であったが，筆者らの研究でこれまで未分離であったほぼすべてのグループにわたる種を分離することに成功している[5－8]．その結果多様なε-Proteobacteriaは，水素，チオ硫酸，元素状硫黄，硝酸，酸素など様々な電子受容体，電子供与体の組み合わせを用いて増殖する化学合成独立栄養細菌であることが明らかになり，現場の水素，硫黄，窒素化合物のフラックスに重要な役割を果たしていることが示唆されている[9]．

熱水孔周辺から多数分離されうる超好熱性従属栄養古細菌（*Pyrococcus*,

Thermococcus など）の多くは，最終電子受容体としてプロトン（H^+）を用いて水素を発生する水素呼吸にてATP合成を行なうことがわかってきた[10, 11]．太陽光が到達しないため光合成に依存しない深海熱水孔生態系では，地球化学的あるいは水素呼吸によって生じた水素を用いて（超）好熱性水素細菌や超好熱性メタン菌が一次生産を行なっていると考えられている（図8・1）[12]．

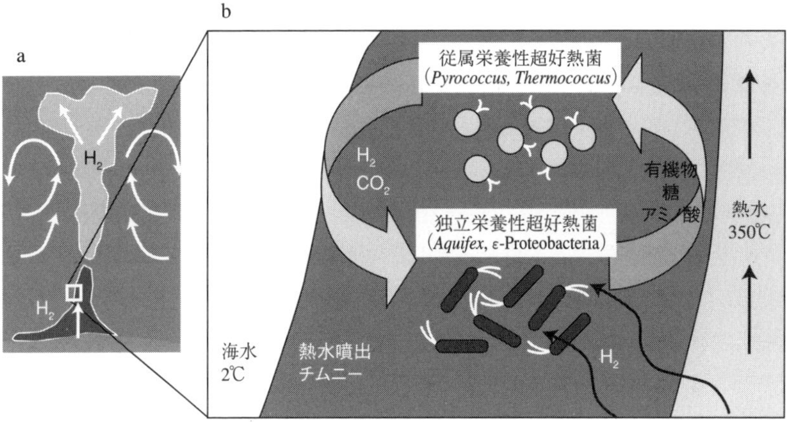

図8・1　深海熱水孔生態系における水素の流れ
a：深海熱水噴出孔
b：熱水噴出チムニー内部

§2．水素エネルギーの問題点と微生物の可能性

水素エネルギー社会の実現には多くの課題が残されているが，その根幹を成す問題として，

（1）水素酸化－生産触媒金属の有限性

（2）水素の高効率な生産

の2点があげられる．まず，水素酸化－生産触媒金属として工学分野においてもっとも優れているとされるのは白金をはじめとする数種のレアメタルである．これらの金属は石油と同様埋蔵資源でありその量は微量かつ有限である．白金の可採掘年数は195年とされているが，将来全ての自動車に水素燃料電池が搭載されたとするとアメリカ合衆国一国の保有している自動車のみで，現在推定されている埋蔵量の2倍量の白金が必要であるとの試算もある[13, 14]．現在行な

われている最も効率的な水素生産は高温の水蒸気と化石燃料を白金などの無機的触媒と反応させる改質法である．しかしながら本法は，埋蔵資源である石油を使用することから既存のエネルギー利用系との差は見られない．さらに，白金は極めて劣化しにくい金属であるが，石油の酸化によって発生する一酸化炭素によって劣化するという欠点をもち，触媒の有限性の点からも水素生産を改質法に依存することは好ましくない[15]．

このような問題を有する水素エネルギー系だが，言い換えれば水素酸化生産の触媒および生産の持続性の問題となる．35億年の歴史をもつ生物はまさに持続性の見本といえるが，近年水素の触媒および生産の両方が生物学分野においても研究が進行している．先に述べた真核細胞性緑藻による水素生産などはその先駆けといえる．さらにこれらの報告を受けて，多くの嫌気性細菌やシアノバクテリアが有機酸を電子供与体とした水素生産経路を有することが明らかになった．また，窒素固定反応において主要な役割を果たすニトロゲナーゼにおいても水素生産が見られることが報告されている．ニトロゲナーゼにて水素生産を行なうのはシアノバクテリアをはじめとする光合成細菌である[16]．このような細胞系を用いた水素生産は*in vivo*水素生産系と定義される[17]．一方，水素酸化-生産触媒の問題に対しては，微生物における水素の触媒である酵素ヒドロゲナーゼの研究がある．ヒドロゲナーゼは水素の生産および酸化の両反応を触媒する（$H_2 \Leftrightarrow 2H^+ + 2e^-$）．ヒドロゲナーゼはほとんどの微生物が有しており，その機能，立体構造そして活性中心の微細構造など極めて多様な性状を示す[17, 18]．すなわち，様々な用途に応じた水素酸化生産触媒が応用可能になるキャパシティがある．さらにヒドロゲナーゼは白金よりも水素酸化還元反応の活性化エネルギーが低く，反応特異性を有し，そして生物由来であるため再生産が可能であり，これらの点で白金よりも優れているといえる[19]．ヒドロゲナーゼを水素酸化生産触媒として用いる研究は*in vitro*水素生産系と定義される[17]．これらの*in vivo*および*in vitro*水素生産系は既存のエネルギー利用経路と比較すると図8·2のように表される．

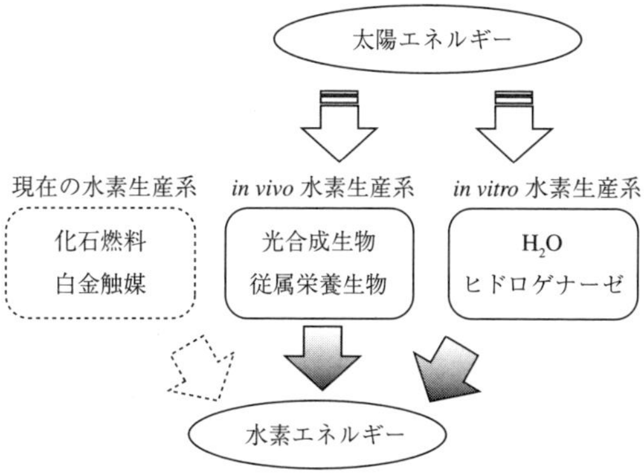

図8・2　*in vivo* および *in vitro* 水素生産によるエネルギーフロー[28)]

§3. 環境微生物による水素生産

3・1　*in vivo* 水素生産

本システムで用いられる主たる微生物は，太陽エネルギーの還元力を直接水素生産に結びつけることが可能な真核細胞性藻類，光エネルギーと有機物の還元力を同時に利用可能な光合成細菌，そして多様な代謝系から様々な有機物を用いて水素生産できる嫌気性従属栄養細菌である．また，本節の最後に物理化学的理由から水素生産に適しているとされる好熱菌について紹介する．

1939年にGaffronの観察した*Scenedesmus* sp.の水素生産は，硫黄欠乏培地にて緑藻（*Chlamydomonas reinhardtii*）を培養することにより再現できることが明らかになった．加えて炭素源に解糖系およびTCA回路を用いることで，炭酸固定に用いられる$NADP^+$の還元の必要性が減少し，電子が水素として放出されているという経路が提案されている[16)]．この系で生産されている水素量は，理論値のわずか10％であると言われている．本研究を中心的に進行させているMelis教授は自らMelis Energy社を立ち上げ，理論値の50％まで水素生産効率を上昇させれば化石燃料に対抗できるとコメントしている．

光合成細菌は光エネルギーによって還元型ピリジンヌクレオチドないしプロトン駆動力を生成できる．多くの光合成細菌は窒素固定反応のキーエンザイムであるニトロゲナーゼを有し，光合成と窒素固定を組み合わせて生育することが知られている．ニトロゲナーゼは反応特異性が低く，常在するプロトンを還元し水素生産も同時に行なう．ニトロゲナーゼによって生産された水素は同時に発現しているヒドロゲナーゼによって酸化され，窒素固定のエネルギー源として再利用される．したがって，通常の生育では水素生産は抑制を受ける．イタリアのEnitechnologieにて，光合成細菌*Rhodobacter sphaeroides*の水素酸化ヒドロゲナーゼ大サブユニットの遺伝子を破壊し（*hup*L^{-}）水素生産能の比較をした結果，*hup*L^{-}株は野生型の約1.5倍の水素を生産した[17]．また同じ光合成細菌*Thiocapsa roseopersicina*でも野生株と*hyp*f（ヒドロゲナーゼ成熟化遺伝子の1つ）破壊株との水素生産能の比較が行なわれた．結果，野生型に比べて*hyp*f^{-}株は60倍もの水素生産量を示した[20]．

多くの嫌気性従属栄養細菌は，有機酸を電子供与体として水中に常在しているプロトンを電子受容体として用い水素を生産する系を有する．硫酸還元菌，腸内細菌やグラム陽性菌（*Desulfovibrio*, *Wolinella*, *Helicobacter*, *Clostridium*など）といった嫌気性従属栄養細菌について，重点的にこのような代謝系の研究が進んでいる．しかし，嫌気性細菌に関する一連の水素生産応用研究はコンソーシアの単位で研究されることが多い．つまりは微生物そのものよりはむしろ排水処理と水素生産を同時に行なえるユニットなどが研究開発されている．嫌気性従属栄養細菌の中で最も研究が進んでいるものの1つに*Escherichia coli*があげられる．*E. coli*の有するギ酸ヒドロゲンリアーゼはギ酸を基質に水素と二酸化炭素を生産する酵素で，反応機構をはじめ酵素の成熟化に至るまで研究が詳細に進行している．地球環境産業技術研究機構（RITE）からはこの系を応用した*E. coli*とギ酸を組み合わせた水素生産ユニットも考案され報告されている．また，スクロース資化性を付与するプラスミドにて形質転換を行なった結果，水素生産量が増大したという報告も寄せられている[21]．

高温においては水素と細胞の親和性が減少し，酢酸→水素の反応の熱力学平衡が水素生産に対して有利に動く．そのため生物学的システムは高温においては水素生産の方向に働く傾向にある[4]．事実，*Pyrococcus furiosus*や*Thermococcus litoralis*といった嫌気性超好熱性従属栄養古細菌は有機酸を電子供与体として水素あるいは硫化水素を大量に放出する（図8·3）．実際，藻類や中温性細菌と比較すると，好熱菌のほうが単位容積当たりの水素生産量が多いという報告が寄せられている[11]．また，高温においては溶媒への水素の溶解度が減少するために水素の抽出をより容易なものにすると考えられ，*in vivo* 水素生産系において好熱菌という要素はもはや欠かせないものになりつつあるだろう．

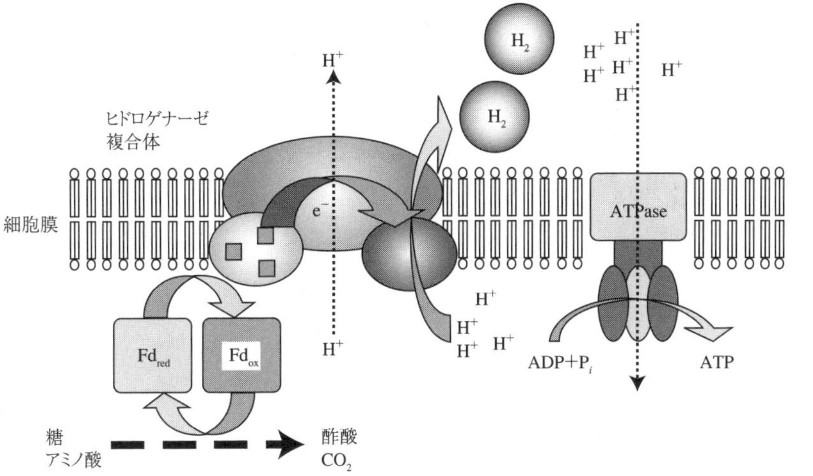

図8·3　*Pyrococcus furiosus* の水素発酵経路[10)]

3·2　*in vitro* 水素生産

1）ヒドロゲナーゼ

まず，*in vitro* 水素生産について述べるに当たって，水素触媒となりうるヒドロゲナーゼについて概説する．ヒドロゲナーゼは上述したように水素の酸化およびプロトンの還元を担う酵素である．すなわち，水素発生システムと燃料電池のいずれにも応用可能な触媒である．ほとんど全てのヒドロゲナーゼは活性中心に金属を配位している金属酵素である．活性中心に配位している金属の種類によって，［NiFe］（ニッケル－鉄）型，［NiFeSe］（ニッケル－鉄－セレン）型そして［FeFe］（鉄－鉄）型の3種類に分類される[19)]．この酵素の基本単位は活性中心を配位し水素酸化およびプロトン還元反応を担う大サブユニットと電子伝達に関わる［4Fe-4S］クラスタを配位する小サブユニットである（図8·4）．多くの微生物がこの酵素を有しており，ATP合成，炭酸固定，メタン生成，ニトロゲナーゼの生産した水素の再利用やプロトンを最終電子受容体とする水素呼吸といった多様な役割を果たしている[17, 18)]．

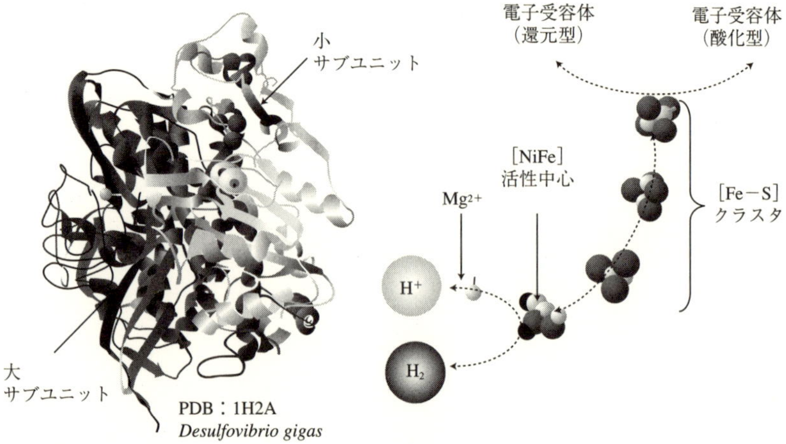

図8·4　ヒドロゲナーゼの立体構造と活性中心微細構造

ヒドロゲナーゼを水素生産触媒として利用するに当たって幾つかの問題点があげられる．まず，酵素の本体がタンパク質であるために変性しやすく長期間の使用に耐えないこと，そして金属酵素特有の性質として酸素に触れると容易に失活することである．これまでに多数のヒドロゲナーゼが精製され，その性状解析が行われているがその中には上記の欠点を克服するものが幾つか得られている．例えば独立栄養細菌 *Ralstonia eutropha* は好気性従属栄養的にも生育が可能であり，本菌から単離された可溶型ヒドロゲナーゼは酸素耐性を示す活性中心のモデルとして研究が進行している[22, 23]．また，*T. roseopersicina* から単離されたヒドロゲナーゼは酸素耐性と同時に至適反応温度70℃というある程度の耐熱性も有していた．また耐久性においては，超好熱菌のモデル生物の1つである，*Pyrococcus furiosus* からもヒドロゲナーゼの性状解析が行われており，酸素耐性に優れたヒドロゲナーゼが発見された（酸素曝露後の活性半減期6時間）[24]．また，超好熱性水素細菌のモデル生物である *Aquifex aeolicus* からも3種のヒドロゲナーゼが同時に精製され，性状解析がなされた[25]．これらのヒドロゲナーゼは，それぞれが様々な方法を用いて固定化電極が作成されている．これらの詳細は次節で述べる．

1996年に世界に先駆けてわが国で分離された好気性超好熱古細菌 *Aeropy-*

rum 属の新種である *A. camini* もヒドロゲナーゼを有していた[26, 27]．*A. camini* 由来のヒドロゲナーゼは90 ℃の高温に48時間曝露あるいは168時間にわたる空気への曝露のいずれの苛烈な条件においても活性を残存し，耐熱性と高い酸素耐性を同時に示す優秀なヒドロゲナーゼであった[28]．本酵素についても産学共同研究の下，連続水素生産系および酵素固定化電極構築が現在進行中である．

2）ヒドロゲナーゼ固定化電極

現在，様々な酵素固定化法が存在しているが，ヒドロゲナーゼ固定化電極を作成する上で重要なことは電極担体とヒドロゲナーゼの間を，伝導性を示す物質で架橋することである．最も多く用いられている方法は，(N-methyl-N'-(3-pyrrol-l-yl-propyl)-4, 4'-bipyridinium ditetrafluoroborate のような電気伝導性のポリピロール膜を用いた方法である[29]．また，炭素電極に直接酵素液を乗せ，乾燥させる簡易法もとられている．*T. roseopersicina* および硫酸還元菌 *Desulfovibrio fructosovorans* のヒドロゲナーゼ固定化電極にて水素生産が実測されている[29]．*T. roseopersicina* ヒドロゲナーゼ固定化電極については，他にも水素検出センサーとして稼動する報告もある．またこの固定化ヒドロゲナーゼは極めて長期の安定性を示し，半年間の保管の後，オリジナルの活性の50 %を維持した（poly-butyl viologen で固定化）[30]．また，光合成細菌 *Allochromatium vinosum* のヒドロゲナーゼ固定化電極を，白金－炭素電極および白金－金電極と水素酸化活性を比較したところいずれの電極もほぼ同じ値を示した[31]．*R. eutropha* の膜結合型ヒドロゲナーゼも回転型炭素電極に固定化され，様々な電気化学的試験を経て，酸素耐性および一酸化炭素耐性も示し燃料電池触媒として機能しうる可能性を示した[32]．超好熱菌 *A. aeolicus* と *P. furiosus* のヒドロゲナーゼがそれぞれ電極に固定化され，サイクリックボルタンメトリーなどの試験がなされている[33, 34]．これら超好熱性のヒドロゲナーゼはいずれも高い耐久性を示し，優れた水素生産触媒となりうることが期待されている．

3）大量発現系と光エネルギー水素生産

将来のエネルギー触媒となるであろう水素エネルギーのための大量生産に向けて，1987年において既に大腸菌発現系を用いたヒドロゲナーゼの大量発現系構築の試みがなされている[35]．この試みは，ヒドロゲナーゼが修飾タンパク質（Hyp：Hydrogenase processing protein）によるプロセッシングを経て活性型酵素の形を取るという理由から不成功に終わっている．この後にドイツのBöckらのグループを中心にHypA, B, C, D, E, Fによるヒドロゲナーゼの翻訳後プロセッシング（成熟化；Maturation）に関する研究が進行している[17]．それらの研究結果によるとHypA, Bはニッケル原子導入[36]，HypC, Dは鉄原子，シアニド基（CN），カルボニル基（CO）導入時のシャペロン[37]，そしてHypE, Fはシアニド／カルボニル基の構築および鉄原子への結合を[38]，それぞれ担っていると推定された．

また，太陽光による水素生産の先駆的な研究に光触媒二酸化チタンに*T. roseopersicina*ヒドロゲナーゼを固定化した研究があるが，二酸化チタンが有機物を酸化する性質を有するために持続性に乏しかった[39]．二酸化チタンとヒドロゲナーゼを用いた研究はその後，*P. furiosus*のヒドロゲナーゼにて試験されており，5～8時間にわたって水素の生産に成功したという報告がある（図8·5a）[17]．さらに，ヒドロゲナーゼ電極および二酸化チタンに続く第3のモデルがMiyakeらによって構築された．それは水の光分解を行なう光化学系Ⅱを陰極に，ヒドロゲナーゼに電子を渡す光化学系Ⅰを陽極に固定化し，その電極

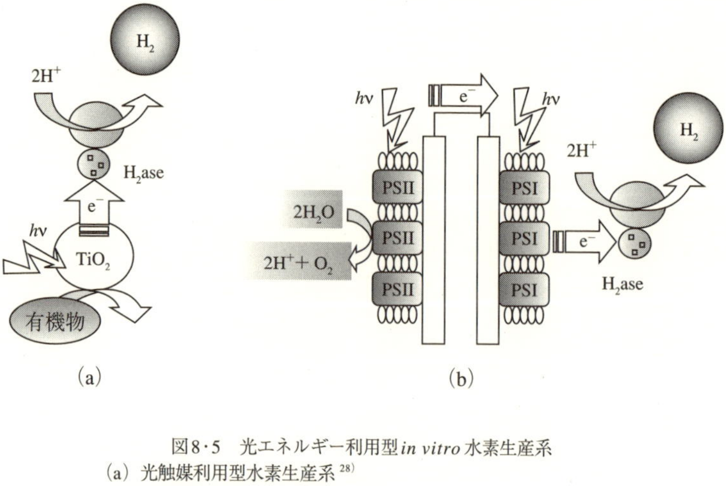

図8·5　光エネルギー利用型*in vitro*水素生産系
（a）光触媒利用型水素生産系[28]
（b）光化学系利用型水素発生分子デバイス[15]
PSI；光化学系I，PSII；光化学系II，H_2ase；ヒドロゲナーゼ

にヒドロゲナーゼと光エネルギーを組み合わせることでプロトンから水素生産を行なうという系である（図8・5b）[15]．ラングミュア-ブロジェット法（LB法）により光化学系はそれぞれ電極に固定化することに成功したが，本システムでは水素生産は現在のところ確認されていない．生体分子の機能を失わせずにLB法で固定化することは有効な技術であり，今後*in vitro*水素生産系構築に寄与するものと考えられる．

文　献

1）IPCC （Intergovernmental Panel on Climate Change: Climate Change 2007: The Physical Science Basis, Summary for Policymakers, Contribution of Working Group I to the Fourth Assessment Report of the Intergovernmental Panel on Climate Change, 1-18（2007）.

2）H. Gaffron: Reduction of CO_2 with H_2 in green plants, *Nature*, 143, 204-205（1939）.

3）C. Vieille and G. J. Zeikus : Hyperthermophilic Enzymes : Sources, Uses, and Molecular Mechanisms for Thermostability, *Microbiol. Mol. Biol. Rev.*, 65, 1-43（2001）.

4）M. W. W. Adams : The metabolism of hydrogen by extremely thermophilic, sulfur-dependent bacteria, *FEMS Microbiol. Lett.*, 75, 219-237（1990）.

5）S. Nakagawa, K. Takai, F. Inagaki, H. Hirayama, T. Nunoura, K. Horikoshi, and Y.Sako: Distribution, phylogenetic diversity and physiological characteristics of epsilon-Proteobacteria in a deep-sea hydrothermal field, *Environ. Microbiol.*, 7, 1619-1632（2005）.

6）S. Nakagawa, K. Takai, F. Inagaki, H. Chiba, J. Ishibashi, S. Kataoka, H. Hirayama, T. Nunoura, K. Horikoshi, and Y. Sako: Variability in microbial community and venting chemistry in a sediment-hosted backarc hydrothermal system: Impacts of subseafloor phase separation, *FEMS Microbiol. Ecol.*, 54, 141-155（2005）.

7）S. Nakagawa, K. Takai, F. Inagaki, K. Horikoshi, and Y. Sako : *Nitratiraptor tergarcus* gen. nov., sp. nov. and *Nitratifractor salsuginis* gen. nov., sp. nov., nitrate-reducing chemolithoautotrophs of the ε-Proteobacteria isolated from a deep-sea hydrothermal system in the Mid-Okinawa Trough, *Int. J. Syst. Evol. Microbiol.*, 55, 925-933（2005）.

8）S. Nakagawa, F. Inagaki, K. Takai, K. Horikoshi, and Y. Sako: *Thioreductor micantilosi* gen. nov., sp. nov., a novel mesophilic, sulfur-reducing chemolithoautotroph within the ε-Proteobacteria isolated from hydrothermal sediments in the Mid-Okinawa Trough, *Int. J. Syst. Evol. Microbiol.*, 55, 599-605（2005）.

9）中川　聡・左子芳彦：深海熱水環境おける極限環境微生物の分布・生息量・多様性・生理機能，日本微生物生態学会誌，20，39-46（2005）.

10）R. Sapra, K. Bagramyan, and M. W. Adams : A simple energy-conserving system : proton reduction coupled to proton translocation, *Proc. Natl. Acad. Sci. U S A*, 100, 7545-7550（2003）.

11）T. Kanai, H. Imanaka, A. Nakajima, K.

Uwamori, Y. Omori, T. Fukui, H. Atomi, and T. Imanaka: Continuous hydrogen production by the hyperthermophilic archaeon, *Thermococcus kodakaraensis* KOD1, *J. Biotechnol.*, 116, 271-282 (2005).

12) R. T. Anderson, F. H. Chapelle, and D. R. Lovley: Evidence against hydrogen-based microbial ecosystems in basalt aquifers, *Science*, 281, 976-977 (1998).

13) 鳥海光弘・松井孝典・住明　正・平　朝彦・鹿園直建・青木　孝・井田喜明・阿部勝正：岩波講座地球惑星科学14　社会地球科学，岩波書店，(1998) 262pp.

14) D. J. Berger : Fuel Cells and Precious-Metal Catalysts, *Science*, 286, 49 (1999).

15) J. Miyake, Y. Igarashi, and M. Rögner: Biohydrogen III, Elsevier, (2004) 187pp.

16) A. Melis and T. Happe : Hydrogen Production. Green Algae as a Source of Energy, *Plant Physiol.*, 127, 740-748 (2001).

17) R. Cammack, M. Frey, and R. Robson : Hydrogen as a fuel; Learning from Nature, Taylor & Francis, (2001) 267pp.

18) P. M. Vignais, B. Billoud, and J. Meyer: Classification and phylogeny of hydrogenases, *FEMS Microbiol. Rev.*, 25, 455-501 (2001).

19) M. Frey: Hydrogenases: Hydrogen-Activating Enzymes, *ChemBioChem.*, 3, 153-160 (2002).

20) B. Fodor, G. Rakhely, A. T. Kovacs, and K. L. Kovacs: Transposon mutagenesis in purple sulfur photosynthetic bacteria: identification of *hyp*F, encoding a protein capable of processing [NiFe] hydrogenases in alpha, beta, and gamma subdivisions of the proteobacteria, *Appl. Environ. Microbiol.*, 67, 2476-2483 (2001).

21) D.W.Penfold and L.E. Macaskie: Production of H_2 from sucrose by *Escherichia coli* strains carrying the pUR400 plasmid, which encodes invertase activity, *Biotechnol. Lett.*, 26, 1879-1883 (2004).

22) B. Bleijlevens, T. Buhrke, E. van der Linden, B. Friedrich, and S. P. Albracht: The auxiliary protein HypX provides oxygen tolerance to the soluble [NiFe]-hydrogenase of *Ralstonia eutropha* H16 by way of a cyanide ligand to nickel, *J. Biol. Chem.*, 279, 46686-46691 (2004).

23) T. Buhrke, O. Lenz, N. Krauss, and B. Friedrich: Oxygen tolerance of the H_2-sensing [NiFe] hydrogenase from *Ralstonia eutropha* H16 is based on limited access of oxygen to the active site, *J. Biol. Chem.*, 280, 23791-23796 (2005).

24) F. O. Bryant and M. W. W. Adams: Characterization of hydrogenase from the hyperthermophilic archaebacterium, *Pyrococcus furiosus, J. Biol. Chem.*, 264, 5070-5079 (1989).

25) M. Brugna-Guiral, P. T. W. Nitschke, K. O. Stetter, B. Burlat, B. Guigliarelli, M. Bruschi, and M. T. Giudici-Orticoni: [NiFe] hydrogenases from the hyperthermophilic bacterium *Aquifex aeolicus*: properties, function, and phylogenetics, *Extremophiles*, 7, 145-157 (2003).

26) Y. Sako, N. Nomura, A. Uchida, Y. Ishida, H. Morii, Y. Koga, T. Hoaki, and T. Maruyama: *Aeropyrum pernix* gen. nov., sp. nov., a novel aerobic hyperthermophilic archaeon growing at temperatures up to 100 degrees C, *Int. J. Syst. Bacteriol.*, 46, 1070-1077 (1996).

27) S. Nakagawa, K. Takai, K. Horikoshi, and Y. Sako : *Aeropyrum camini* sp. nov., a strictly aerobic, hyperthermophilic archaeon from a deep-sea hydrothermal

vent chimney, *Int.J.Syst.Evol.Microbiol.*, **54**, 329-335 (2004).
28) 西村　宏・左子芳彦：バイオ水素ーバイオプロセスによる水素生産,「新エネルギー最前線」(環境調和型エネルギーシステムの構築を目指して) 吉川暹編, 化学同人, 2006, p.115-120.
29) S.V. Morozov, P.M. Vignais, L. Cournac, N.A. Zorin, E.E. Karyakin, A.A. Karyakin, and S. Cosnier: Bioelectrocatalytic hydrogen production by hydrogenase electrodes, *Int. J. Hydrogen Energy*, **27**, 1501-1505 (2002).
30) D. J. Qian, C. Nakamura, S. O. Wenk, H. Ishikawa, N. Zorin, and J. Miyake : A hydrogen biosensor made of clay, poly- (butylviologen), and hydrogenase sandwiched on a glass carbon electrode, *Biosens. Bioelectron.*, **17**, 789-796 (2002).
31) A. K. Jones, E. Sillery, S. P. J. Albracht, and F. A. Armstrong: Direct comparison of the electrocatalytic oxidation of hydrogen by an enzyme and a platinum catalyst, *Chem. Commun.*, 866-867 (2002).
32) K. A. Vincent, J. A. Cracknell, O. Lenz, I. Zebger, B. Friedrich, and F. A. Armstrong: Electrocatalytic hydrogen oxidation by an enzyme at high carbon monoxide or oxygen levels, *Proc. Natl. Acad. Sci. U S A.*, **102**, 16951-16954 (2005).
33) É. Lojou, M. T. Giudici-Orticoni, and P. Bianco : Hydrogenases from the hyperthermophilic bacterium *Aquifex aeolicus*: electrocatalysis of the hydrogen production/consumption reactions at carbon electrodes, *J. Electroanal. Chem.*, **577**, 79-86 (2005).
34) W. Johnston, M. J. Cooney, B. Y. Liaw, R. Sapra, and M. W. W. Adams: Design and characterization of redox enzyme electrodes : new perspectives on established techniques with application to an extremophilic hydrogenase, *Enz. Microbial. Tech.*, **36**, 540-549 (2005).
35) G. Voordouw, W. R. Hagen, K. M. Kruse-Wolters, A.van Berkel-Arts and C.Veeger: Purification, and characterization of *Desulfovibrio vulgaris* (Hildenborough) hydrogenase expressed in *Escherichia coli, Eur. J. Biochem.*, **162**, 31-36 (1987).
36) M. Hube, M. Blokesch, and A. Böck: Network of hydrogenase maturation in *Escherichia coli*: role of accessory proteins HypA and HybF, *J. Bacteriol.*, **184**, 3879-3885 (2002).
37) M. Blokesch, S. P. Albracht, B. F. Matzanke, N. M. Drapal, A. Jacobi, and A. Böck : The complex between hydrogenase-maturation proteins HypC and HypD is an intermediate in the supply of cyanide to the active site iron of [NiFe]-hydrogenases, *J. Mol. Biol.*, **344**, 155-167 (2004).
38) M. Blokesch, A. Paschos, A. Bauer, S. Reissmann, N. Drapal, and A. Böck: Analysis of the transcarbamoylation - dehydration reaction catalyzed by the hydrogenase maturation proteins HypF and HypE, *Eur. J. Biochem.*, **271**, 3428-3436 (2004).
39) V. V. Nikandrov, M. A. Shlyk, N. A. Zorin, I. N. Gogotov, and A. A. Krasnovsky: Efficient photoinduced electron transfer from inorganic semiconductor TiO_2 to bacterial hydrogenase, *FEBS Lett.*, **234**, 111-114 (1988)

9章　微生物による赤潮防除

今　井　一　郎*

沿岸域においては，河川の流入に伴い沖積平野が発達し易いことから都市が形成され易く，人々が盛んな生産と消費の活動を営んでいる．そして沿岸海域へ様々な影響を及ぼしている．かつて経済成長最優先の産業活動に伴い，有毒物質による汚染が湖沼や河川，沿岸域で進行し，公害病に苦しむ人々が発生するという非道な公害問題が起こった．一方で，人間は食事と排泄という生物として極めて普通の生命活動を営むことから，有害有毒物に起因する環境汚染とは全く異なる水域の富栄養化という問題を宿命的に引き起こす．特に窒素やリンのような，生物に必須の栄養物質は廃水処理によっても除去が困難であり，沿岸海域に流入して富栄養化が進行することになる．さらに農業や畜産業などによっても，投与した肥料や家畜の糞尿が降雨により河川を通じて流入し沿岸域の富栄養化が促進される．水域の富栄養化に対しては光合成を行う微細藻類が敏感に反応し，優占できるものが大量発生して海や湖を着色させるまでに増殖し赤潮を頻繁に形成するようになる．赤潮の問題は，原因種によっては養殖魚介類の大量斃死を引き起こすことから，沿岸の養殖業にとって脅威となるのは勿論であるが，増殖の結果大量に発生した微細藻類が食物連鎖に参入して高次生物へと転送されることなく，余剰の有機物として海底に沈降し，分解に伴って酸素が消費され海底の貧酸素化や無酸素化がしばしば起こる．それによって大規模に硫化水素が発生すると，無酸素水が浅場や表層に移動湧昇した時に青潮が起こり，ベントスを中心とした魚介類が大量に斃死する．これもまた深刻な環境問題といえる．沿岸域においては，有毒な微細藻種が発生し食物連鎖を通じて有用二枚貝が毒化するという貝毒の問題も頻繁に発生するが，これは世界的にも拡大傾向にある[1, 2]．沿岸域におけるこのような貝毒の問題は，一般の人々にとっても潮干狩り禁止が通達されることから身近な問題になりつつある．2006年と2007年の春，大阪湾において麻痺性貝毒がアサリから検出さ

* 京都大学大学院農学研究科

れ，特に2007年は「潮干狩りの収穫物持ち帰り禁止」の措置が執られたのは記憶に新しいところである．

以上のように，有害有毒な微細藻類による赤潮や貝毒の問題は沿岸域における代表的な環境問題であり，これらに対する防除対策の策定が緊急の課題といえよう．本章では，特に赤潮の問題に焦点を当て，微生物を用いた赤潮防除について可能性を述べる．

§1．赤潮対策の現状

赤潮対策は，予知，予防，駆除の3つに整理できる．予知に関しては，赤潮生物の生理生態学的知見に基づく科学的な発生機構の解明と，現場における綿密なモニタリングを通じて，現在かなり進歩した状況にあると言えよう．

これまでに施行され，或いは提案試行されてきた赤潮対策を表9·1にまとめた．赤潮の発生を未然に防止するためには，栄養塩類（窒素やリン）の流入を

表9·1　現在までの赤潮対策（Imai *et al.*[1]，代田[3]を参考に加筆）

間接法
・法的規制
水質汚濁防止法，海洋汚染防止法，農薬取締法，瀬戸内海環境保全特別措置法，持続的養殖生産確保法，有明海八代海再生特別措置法
・環境改善
水質：藻類などによる栄養塩回収
底質：浚渫，曝気，耕耘，石灰・粘度，砂の散布，ベントス（*Capitella*）による浄化
養殖技術：餌料の改良（モイストペレットなど），漁場の適正利用
・緊急対策
生け簀の移動（水平・鉛直），餌止め
直接法
・物理的方法
物理的衝撃：超音波，衝撃波，電流，発泡
海面回収：吸引，濾過，捕集（赤潮表層水の回収と遠心分離除去）
凝集沈殿：高分子凝集剤，鉄粉，粘土散布
・化学的方法
化学薬品：過酸化水素，有機酸，界面活性剤，硫酸銅，アクリノール，水酸化マグネシウム
化学反応：オゾン発生，海水電解産物
・生物的防除
捕食：二枚貝（カキ），橈脚類，繊毛虫，従属栄養性渦鞭毛藻，従属栄養性鞭毛虫
殺藻：ウイルス，細菌，寄生カビ，寄生渦鞭毛藻

抑えるか富栄養化している水域から栄養塩を除去する必要がある．前者に関しては，法的規制と廃水の浄化処理が一定の効果を上げている．環境改善についても表9·1に示したように種々試行されている．養殖場においては，漁場を汚染しにくい餌料の使用や投餌量の管理，適正放養密度の遵守が有効である．特に，法的な規制が富栄養化の歯止めとして，長期的にはよい効果を及ぼしてきたといえよう．

赤潮の直接的な防除対策に関しては，これまでに様々な物理化学的な方法が試みられてきたが，殆ど実用に耐えるものはないのが現状である．しかしこれらの中で，粘土散布が八代海においては赤潮が発生した際の緊急的な対策として施行されており[4)]，特に隣国の韓国においては有効な緊急対策として用いられている[5)]．ともに主たる対象赤潮生物は渦鞭毛藻のコクロディィニウム（*Cochlodinium polykrikoides*）である．更に近年，水酸化マグネシウムが粘土散布の代替法として検討されている．しかしながら現在わが国では，いったん有害赤潮が発生すると，餌止めや生け簀の移動が魚介類の斃死を軽減する目的で実施されているケースが多く，決定的な対策はないのが現状である．以上のような背景を踏まえ，有効かつ安全な赤潮防除対策の検討確立が望まれている．特に，予防的な対策が有効と想定される．

§2．赤潮防除の手段としての殺藻細菌

2·1　海水中の殺藻細菌

海産の赤潮鞭毛藻類は寒天培地上に生育しないため，寒天重層法を用いることができず，したがって方法論の欠如により海産の殺藻微生物に関しては世界的に殆ど研究がなされていない状況であった．わが国沿岸域においては赤潮の被害が大きいことから，1990年頃より，水産庁の赤潮対策事業において赤潮の発生や消滅に関与する微生物の探索，ならびに赤潮の発生あるいは消滅と細菌相との関係解明などに関する研究が実施された．その結果，西日本を中心とする沿岸域から，数多くの殺藻細菌が種々の赤潮鞭毛藻をホストとして分離された[6)]．これらの殺藻細菌の大部分は，γ-プロテオバクテリアに属するものと滑走細菌に属するものの2タイプに分けられた．また，赤潮の消滅過程において特定のタイプの殺藻細菌が増殖することが見出され，赤潮の消滅において殺

藻細菌が重要な役割を演じていることが強く示唆された[7−9]．

広島湾から分離された殺藻細菌*Alteromonas* sp. S株（γ-プロテオバクテリアの1種）が3種の微細藻類に対して発揮する殺藻作用の例を図9･1に示した[10]．養殖ハマチを大量斃死させることで悪名高い赤潮ラフィド藻シャットネラ（*Chattonella antiqua*），同じく魚介類斃死被害の甚大な赤潮渦鞭毛藻カレニア（*Karenia mikimotoi*），ならびに通常の珪藻*Ditylum brightwellii*の3種ともに，2者培養の結果2〜3日の間に，本殺藻細菌によって完全に殺滅させられた．このように強力な活性をもつ殺藻細菌が，沿岸域には普通に生息していることが明らかとなった．このような海産殺藻細菌の研究は，世界に先駆けてわが国で手掛けられ推進されたものである．

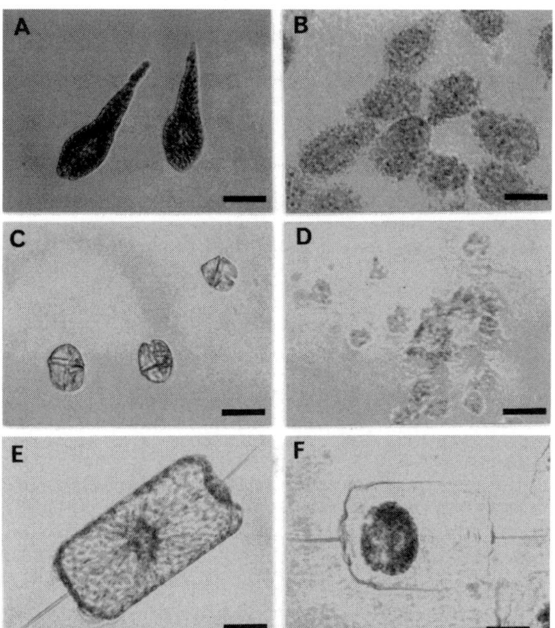

図9･1　殺藻細菌 *Alteromonas* sp. S 株による 3 種の赤潮藻類の殺藻[10]．3日間の2者培養後に観察を行った．棒線は 30 μm．A；ラフィド藻*Chattonella antiqua*の遊泳細胞，B；*C. antiqua*の破裂した死細胞，C；渦鞭毛藻*Karenia mikimotoi*の遊泳細胞，D；*K. mikimotoi*の破裂した死細胞，E；珪藻*Ditylum brightwellii*の生細胞，F；*D. brightwellii*の殺藻された死細胞．

2･2　海藻に付着する殺藻細菌

大型海藻の表面は微生物が増殖するのに好都合な場所であり，特に従属栄養細菌が無数に付着生息していることが知られている[11, 12]．高密度の細菌が付着していることから，細菌と海藻の間には密接な相互関係が存在する．海藻は光合成を通じて有機物と酸素を生産し，細菌はそれらを有効利用していると考えられている．一方，細菌は有機物を分解無機化して，無機栄養塩や二酸化炭素を海藻に供給していると考えられている．また，海藻の中には細菌を完全に取り除いた無菌条件下で培養の不可能な種も多く，この事実から，細菌が海藻類にとって何らかの増殖必須要因を生産供給している可能性が大きい[12]．逆にある種の海藻は，細菌の増殖を抑制する抗生物質様の物質を生産していることも知られている．以上のように，海藻とその表面に生息する細菌は，様々な相互関係を結んでおり，種々の性質を備えた未知の細菌群が数多く存在すると期待される．

ところで糸状褐藻類のかなりの種においては，溶原化したウイルスの存在が知られている[13]．筆者らは，これらのウイルスの中で糸状褐藻から放出された際に赤潮藻類にも感染するものが存在しないか，藻場において探索研究を実施した．現時点で残念ながらそのようなウイルスは検出されていないが，該当の赤潮藻が藻場で発生していないにもかかわらず，福井県小浜湾の藻場海水中の0.2～0.8 μm 画分（細菌の大きさ）に，赤潮ラフィド藻を殺滅する因子が多数存在するという現象を副次的に発見した[14]．この事実を基に，大阪湾岬公園の海岸において実際にマクサ（*Gelidium* sp.）やアオサ（*Ulva* sp.）などの海藻

表9･2　アナアオサの表面から分離・検出された赤潮藻殺藻細菌の密度[16]．
殺藻細菌の数は海藻湿重量1 g当たりの数である（$\times 10^5$ cells / g）

対象赤潮藻種	4月24日	6月13日	8月28日
Karenia mikimotoi	3.51	7.98	1.13
Heterocapsa circularisquama	1.87	＜0.28	0.57
Chattonella antiqua	0.94	0.86	0.38
Heterosigma akashiwo	0.47	＜0.28	0.19
Fibrocapsa japonica	1.64	2.28	1.70
少なくとも赤潮藻1種を殺藻する殺藻細菌数	4.91	9.12	2.46
コロニー形成細菌数	7.01	11.4	7.56

表9·3 大阪府岬講演沿岸のアオサとマクサおよび藻場の海水から分離した殺藻細菌の同定と殺藻範囲[17)]

殺藻細菌	対象赤潮藻種							
	Chattonella antiqua	*C. marina*	*C. ovata*	*Fibrocapsa japonica*	*Heterosigma akashiwo* (893)	*H. akashiwo* (IWA)	*Karenia mikimotoi*	*Heterocapsa circularisquama*
Pseudoalteromonas sp.46（アナアオサ）	−	−	−	++	−	++	++	−
Pseudoalteromonas sp.47（アナアオサ）	−	−	−	++	−	++	++	−
Octadecabacter sp.49（アナアオサ）	++	−	−	−	−	−	−	−
Pseudoalteromonas sp.53（アナアオサ）	−	−	−	++	−	++	++	−
Rhodobacteraceae 63（藻場の海水）	−	−	+	+	+	−	++	−
Alteromonas sp.57（マクサ）	−	+	++	−	+	+	−	−
Vibrio sp.55（アオサ）	−	−	++	−	−	+	++	−
Vivrio sp.58（マクサ）	−	−	++	−	−	+	++	−

++，殺藻効果；+，増殖阻害；−，影響なし

を採集し，その表面から細菌を剥離させて赤潮藻類に対する殺藻作用を調べたところ，赤潮藻を強力に殺滅してしまう殺藻細菌が海藻の表面に多数付着している事実（紅藻マクサで*Fibrocapsa japonica*を対象に最大1.3×10^6 / g，*K. mikimotoi*を対象に4.9×10^5 / g）を見出した[15]．また，その藻場海水中に高密度で殺藻細菌が生息していることも確認できた[15]．このような海藻への殺藻細菌の大量付着現象は，和歌山県田辺市の旧和歌山県水産試験場増養殖研究所地先の養殖生け簀において養成されたアナアオサ（*Ulva pertusa*）においても見出された（表9･2）[16]．この場合，湿重量1 g当たり10^4～10^5のオーダーの密度でアオサ表面から殺藻細菌が検出計数されている．そして大変興味深いことに，コロニーを形成するアオサ由来の細菌のうち，33～80 %が，実験に供した赤潮生物のうちの何れかを殺滅する殺藻細菌であることがわかった．

海藻表面から分離された殺藻細菌の同定を行った結果（表9･3），海水の場合と同様に海産の*Cytophaga/Flavobacterium/Bacteroides*グループとγ-プロテオバクテリアが優占していたが，新たにα-プロテオバクテリアに属するものも発見された[17]．また，殺藻の対象赤潮生物の範囲を見ると，1種あるいは2種のみの赤潮藻種を殺滅する細菌も認められ，特異的にある種の赤潮生物を殺藻するものも珍しくないことが判明した．このように海藻の表面には，質的に多様で量的に膨大な殺藻細菌が付着生息していることが明らかになった[15－17]．

§3．藻場を活用した赤潮の発生予防対策

3･1　海藻と魚類の複合養殖による赤潮予防

上述したように，海藻の表面には多数の殺藻細菌が随伴付着しており，藻場海水中には高密度の殺藻細菌が浮遊生息していることが明らかとなった．この新しい発見から，赤潮の予防的な防除策として，魚介類とアオサやマクサなどの海藻との混合養殖が提案される（図9･2）[15]．魚介類と混養繁茂している海藻の表面からは，多くの殺藻細菌が継続的に周囲の海水に剥離浮遊し，赤潮原因藻類を含む植物プランクトンに攻撃を加え，特定の有害種の大発生（大量増殖）を未然に防止するものと期待される．混合養殖される海藻は，殺藻細菌の大量供給源として機能することになり，対象とする水域の殺藻細菌の密度を高

めに維持することで赤潮の発生する確率の引き下げに貢献するであろう．このような目的に適う海藻としては，赤潮の発生盛期である夏季にも消失しない，或いは逆に盛んに繁茂するような特性を備えているものが望ましい．市場価値を有する有用藻類であればさらに好都合であろう．例えば，ヒジキ（*Sargassum fusiforme*）や熱帯性のキリンサイ（*Eucheuma denticulatum*），ウミブドウ（*Caulerpa lentillifera*）などが，有望な候補としてあげられよう．これらの海藻については，殺藻細菌がどの程度付着・随伴するのか確認する必要がある．

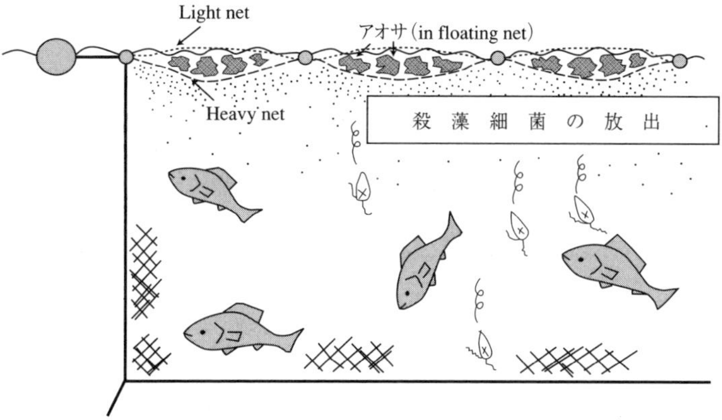

図9·2　海藻と魚介類の混合養殖による赤潮の発生予防に関する概念図[15]．
養殖している海藻の表面が殺藻細菌の供給源となる．

因みにアオサに関しては，混合養殖を行うことにより給餌養殖で現場海域に負荷されたNやPを吸収浄化させようという提案がなされている[18]．またアオサは，養殖魚介類の餌料としても検討されており，アワビのみならずマダイやブリの餌料としても混合養殖が試みられ，これら魚類で成長と健康によい結果が得られているという[19]．成長繁茂した余剰の海藻は，それを餌とする藻食性の貝類やエビ類を混合して養殖すれば処理可能であり，経済的にも有益と考えられる．このような魚・介・藻の複合的養殖は，将来的に検討の価値があると思われる．アオサ以外では，アラメ（*Eisenia bicyclis*）やカジメ（*Ecklonia cava*），クロメ（*Ecklonia kurome*）も有望かもしれない．複合養殖に関しては，これまで赤潮の予防という観点での評価がなされていないので，現場海域において赤潮の予防という観点から殺藻細菌を主眼として研究を進めることは意義が大きいと考えられる．いずれにしても，海藻はもともと海に生息しているものであり，将来的に赤潮予防が実現した場合，環境に極めてやさしいだけでなく，食糧生産の観点で消費者や漁業者にとって海藻は感覚的にもプラスのイメージがもたれており，究極的な赤潮予防対策になりうるものと期待される．

3･2　藻場造成による赤潮防除

藻場は，構成する海藻自身が食用の物であれば食品生産の場となるが，有用魚介類の産卵場や生育場としても生態的に重要な場となっている．また，海藻表面には多くの生物が生息していることから魚介類の餌料供給の場となり，加えて藻食性のアワビ，サザエ，ウニなどの直接の餌にもなっている．さらに海藻類は，海水中のNやPを吸収すると同時に酸素を供給するので，水質浄化や漁場環境の保全に重要な役割を演じているといえる[20]．このような利点があることから，積極的にコストをかけて藻場の造成（修復或いは創生）が近年は人為的に成されている．離岸堤や防波堤，人工リーフといった海岸構造物の設置と藻場造成を組み合わせれば，大きな事業となり，経済的な波及効果も大きい．

先に，魚介類と海藻の混合養殖が，赤潮の発生予防対策になる可能性を論じた．この考えを敷衍するならば，藻場の造成を行うことは，沿岸域における赤潮の発生予防機能を増大させることに貢献するものと考えられる（図9･3）[1]．

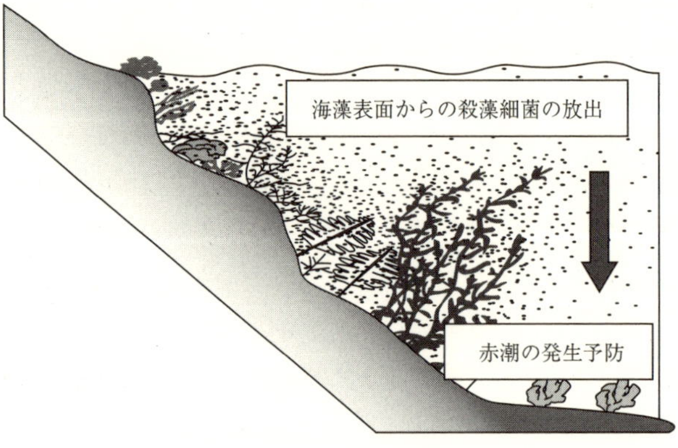

図9･3　沿岸域において造成した藻場による赤潮の発生予防に関する概念図[1]．
繁茂する海藻の表面が殺藻細菌の供給源となる．

先に述べたように人為的に造成される藻場が，赤潮の発生予防にどの程度役に立ち得るのか，現場調査を通じて評価してみるのは意義が大きいと思われる．また，赤潮の予防に好ましい藻場の構成種も明らかにしていく必要があろう．さらに対象となる現場海域において，赤潮の発生予防効果が実効的に現れる藻場の地理的配置や必要規模を評価することも将来の検討課題といえよう．

沿岸域において浄化に係わる重要な生態系としては干潟域があげられ，干潟付近の浅海域にはアマモ場が分布している[21, 22]．これまで，アマモと殺藻微生物に関しては殆ど検討されていなかったが，アマモの葉体からラビリンチュラ，アメーバ，糸状細菌に属する殺藻微生物の存在が見出されている[23]．さらに，アマモ葉体表面には，海藻表面に匹敵するかそれ以上の殺藻細菌が付着している事実が新たに判明したことから[24]，アマモ場も赤潮発生予防の場として大変に重要といえる．したがって，これまで全く論じられていなかったが，アマモ場造成の価値を赤潮予防の観点から評価する必要がある．

§4．沿岸環境保全の重要性

赤潮の発生を促進する要因が海域の富栄養化であることは論を俟たない．高度経済成長時代に大量の汚濁物質が海域に負荷され，富栄養化が進行し，それに伴って赤潮の発生件数は劇的に増加した．瀬戸内海における赤潮発生の歴史を図9･4に示した．1960年代～1970年代に赤潮の発生件数は増加し，1976年には最高の299件を記録した．このような事態を解決するため，1973年に制定された瀬戸内海環境保全臨時措置法とその後の恒久的な後継法である瀬戸内海環境保全特別措置法により，海域への汚濁負荷が長期的に軽減された．その効果により，瀬戸内海においては赤潮の発生件数が最盛期の1970年代の3分の1程度にまで減少し，近年は年間100件前後で推移している．

高度経済成長時代は，浅海域の大規模な埋め立てや鉛直護岸の造成によって，藻場や干潟，自然海岸が大規模に失われた時代でもある（図9･5）[25]．藻場やアマモ場の喪失は，赤潮発生予防機能の喪失を意味しており，海のもつ「恒常性」維持機能が小さくなった結果，特定の有害種が大増殖するようになって赤潮の発生頻度が上昇した可能性が考えられる．すなわち，富栄養化によって赤潮発生に促進的な力が働き，一方で藻場やアマモ場の喪失によって赤潮に対す

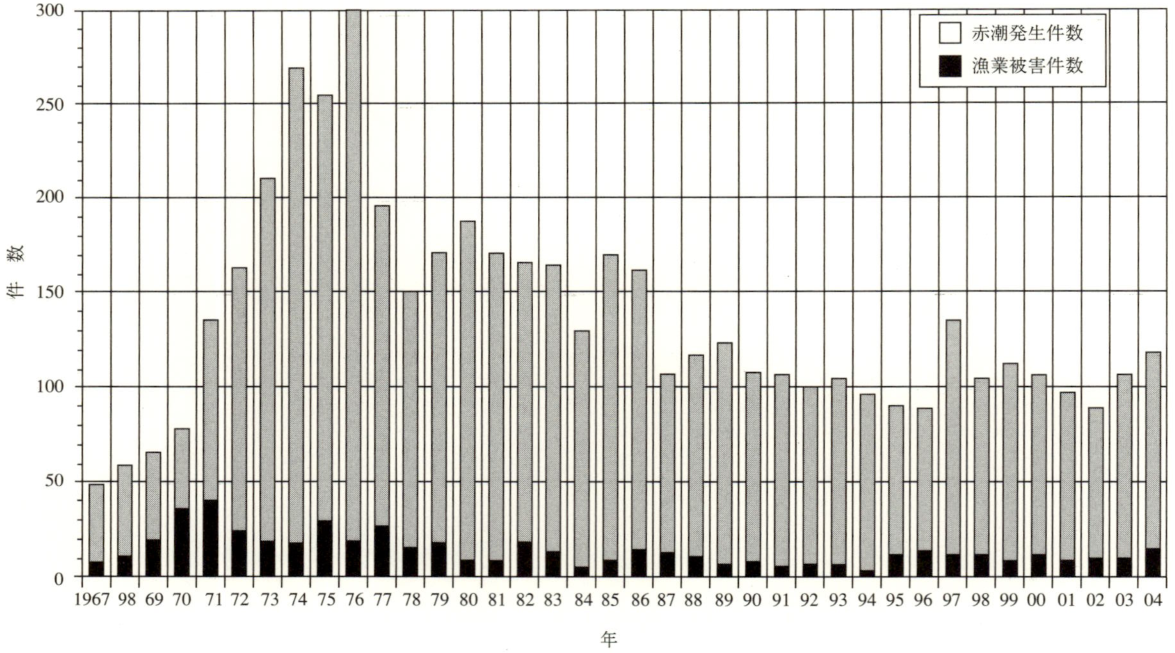

図9・4　瀬戸内海における赤潮発生件数と漁業被害件数の推移[1].

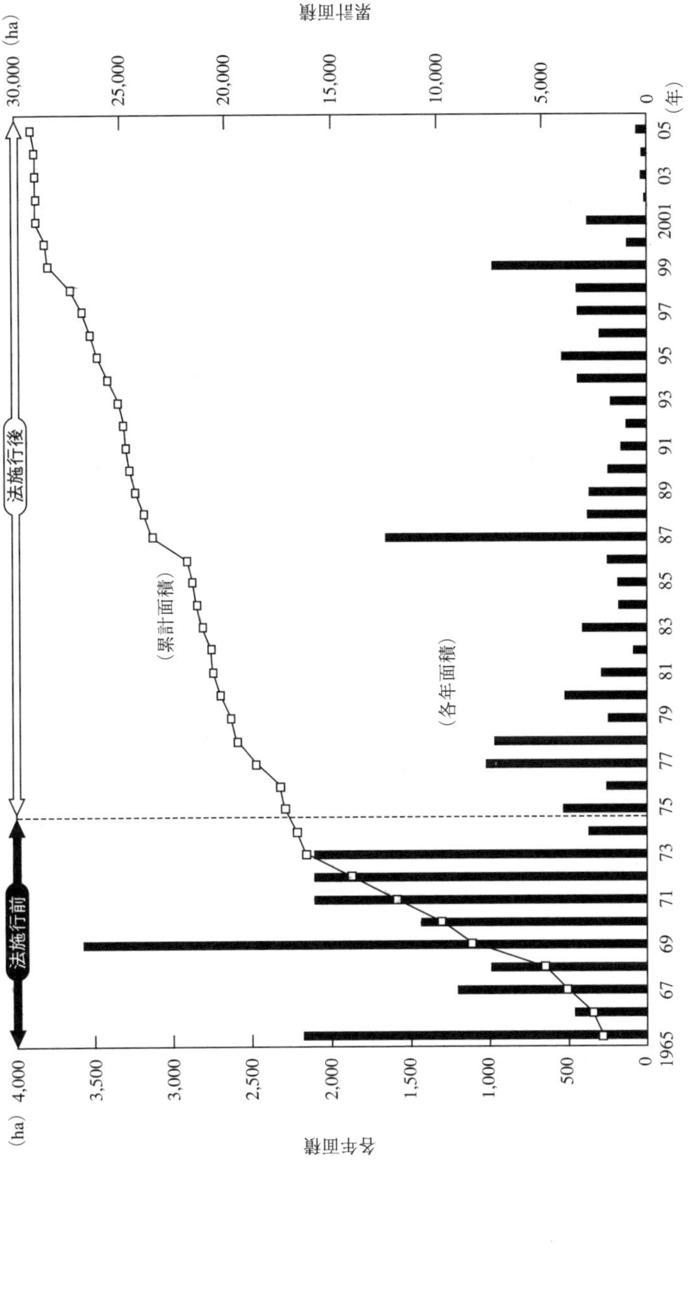

図9·5　瀬戸内海における埋め立て免許面積の推移（環境庁調べ）[25]．1965～72年は1月1日～12月31日，1973年は1月1日～11月2日，1974年以降は前年の11月2日～11月1日の累計．

る抑制力が失われ，両者の相乗効果で赤潮の発生が当時劇的に増加したという可能性である．

藻場の造成による赤潮予防の可能性を論じたが，近年は藻場が消失する磯焼けの現象が問題となっている[26]．磯焼けは，隣国の韓国沿岸においても近年著しい．特に夏場に藻場が減少し，あるいは消失する場合には，赤潮の発生要因として重要な意味をもつ可能性がある．今後はこのような観点から，夏季における藻場の消失状況と赤潮発生の関係を検討してみる必要がある．さらに，地球温暖化と藻場やアマモ場の消長，そして赤潮発生の関係についても今後検討の余地があると考えられる．

文　献

1）I. Imai, M. Yamaguchi, and Y. Hori : Eutrophication and occurrences of harmful algal blooms in the Seto Inland Sea, Japan, *Plankton Benthos Res.*, **1**, 71-84（2006）.

2）今井一郎・板倉　茂：わが国における貝毒発生の歴史的経過と水産業への影響，貝毒研究の最先端－現状と展望（今井一郎・福代康夫・広石伸互編），恒星社厚生閣，2007，pp.9-18.

3）代田昭彦：赤潮の対策研究と技術開発試験の経過と展望，月刊海洋，**24**，3-16（1992）.

4）和田　実・中島美和子・前田広人：粘土散布による赤潮駆除，有害・有毒藻類ブルームの予防と駆除（広石伸互・今井一郎・石丸　隆編），恒星社厚生閣，2002，pp.121-133.

5）金　鶴均・裴　憲民・李　三根・鄭　昌洙：韓国沿岸における有害赤潮の発生と防除対策，有害・有毒藻類ブルームの予防と駆除（広石伸互・今井一郎・石丸　隆編），恒星社厚生閣，2002，pp.134-150.

6）吉永郁生：殺藻細菌による赤潮の駆除，有害・有毒藻類ブルームの予防と駆除（広石伸互・今井一郎・石丸　隆編），恒星社厚生閣，2002，pp.63-80.

7）I. Imai, T. Sunahara, T. Nishikawa, T. Hori, R. Kondo, and S. Hiroishi: Fluctuations of the red tide flagellates *Chattonella* spp.（Raphidophyceae）and the algicidal bacterium *Cytophaga* sp. in the Seto Inland Sea, *Mar. Biol.*, **138**, 1043-1049（2001）.

8）I. Yoshinaga, M.C. Kim, N. Katanozaka, I. Imai, A. Uchida, and Y. Ishida（1998）Population structure of algicidal marine bacteria targeting the red tide forming alga *Heterosigma akashiwo*（Raphidophyceae）, determined by restriction fragmental length polymorphism analysis of the bacterial 16S ribosomal RNA genes, *Mar. Ecol. Prog. Ser.*, **170**, 33-44（1998）.

9）K. Fukami, T. Nishijima, and Y. Ishida: Stimulative and inhibitory effects of bacteria on the growth of microalgae, *Hydrobiologia*, **358**, 185-191（1997）.

10）I. Imai, Y. Ishida, K. Sakaguchi, and Y. Hata: Algicidal marine bacteria isolated from northern Hiroshima Bay, Japan, *Fish. Sci.*, **61**, 624-632（1995）.

11）T. Shiba and N. Taga : Heterotrophic bacteria attached to seaweeds, *J. Exp.*

Mar. Biol. Ecol., 47, 251-258（1980）.

12）J. Bolinches, M.L. Lemos, and J.L. Barja: Population dynamics of heterotrophic bacterial communities associated with *Fucus vesiculosus* and *Ulva rigida* in an estuary, *Microb. Ecol.*, 15, 345-357（1988）.

13）D. G. Müller, H. kawai, B. Stache, and S. Lanka: A virus infection in the marine brown alga *Ectocarpus siliculosus*（Phaeophyceae）, *Bot. Acta*, 103, 72-82（1990）.

14）今井一郎・吉永郁生：赤潮の予防と駆除（今中忠行監修），微生物利用の大展開，エヌ・ティー・エス，2002，pp.881-888.

15）I. Imai, D. Fujimaru, and T. Nishigaki: Coculture of fish with macroalgae and associated bacteria: A possible mitigation strategy for noxious red tides in enclosed coastal sea, *Fish. Sci.* 68（Supplement），493-496（2002）.

16）岡本　悟：魚類と海藻の混合養殖場における殺藻細菌の生態に関する研究，京都大学大学院農学研究科修士論文，2004，74p.

17）I. Imai, D. Fujimaru, T. Nishigaki, M. Kurosaki, and H. Sugita : Algicidal bacteria isolated from the surface of seaweeds from the coast of Osaka Bay in the Seto Inland Sea, *Afr. J. Mar. Sci.*, 28, 319-323（2006）.

18）H. Hirata: Systematic aquaculture: yesterday, today, and tomorrow, *Fish. Sci.* 68（Supplement），829-834（2002）.

19）平田八郎：環境調和型養殖システムの必要性－その理論と実際，養殖，31（11），60-64（1994）.

20）佐々木久雄・田中千景・一宮睦雄・西村修・谷口和也：大型褐藻による富栄養化の抑制，水産業における水圏環境保全と修復機能（松田　治・古谷　研・谷口和也・日野明徳編），恒星社厚生閣，2002，pp.119-131.

21）鈴木輝明：内湾干潟の浄化能と貝類の生物生産，水産業における水圏環境保全と修復機能（松田　治・古谷　研・谷口和也・日野明徳編），恒星社厚生閣，2002，pp.86-105.

22）川端豊喜：水生植物による内湾域における環境修復，生物機能による環境修復（石田祐三郎・日野明徳編），恒星社厚生閣，1996，pp.79-93.

23）坂田泰造・吉川　毅：アメーバや粘菌などの捕食による赤潮藻のバイオコントロール－V-アメーバ，ラビリンチュラおよびカビ類の珪藻殺藻性-，平成11年度海洋微生物活用技術開発試験・最終報告書－海洋微生物による赤潮藻殺滅のためのバイオコントロール－，水産庁，1999，pp.138-152.

24）山本　直：アマモ場における海洋細菌の分布とアマモに付着する赤潮藻殺藻細菌に関する研究，京都大学農学部卒業論文，2007，51p.

25）瀬戸内海環境保全協会：平成17年度瀬戸内海の環境保全－資料集，2006，103p.

26）谷口和也・長谷川雅俊：磯焼け対策の課題，磯焼けの機能と藻場修復（谷口和也編），恒星社厚生閣，1999，pp.25-37.

10章　微生物による有害物質の分解

川合真一郎*・黒 川 優 子*・松岡須美子*

人間が造り出した膨大な種類と量の化学物質は最終的には水系に流入する．それらの化学物質が水中の細菌によって容易に分解・無機化されるときは問題とならないが，難分解性で環境中に残留しやすいものは要注意である．水中の細菌による人工有機化合物の分解に関する研究の意義としては以下の2つのことがあげられる．

まず第1に，水環境中に負荷された汚染物質がその後，いかなる運命を辿るかを把握しようとする際に，微生物分解に関する情報は必須である．微生物分解を受けにくい，いわゆる難分解性物質については用途や使用方法を限定するなどの規制措置がとられることが多い．また新規に化学物質を開発・製造する際にも微生物分解性に配慮される．最近，“地球にやさしい物質を”という標語がよくとり上げられるゆえんである．

第2の意義としては次のようなことが考えられる．すなわち，自然界には変わり種の微生物が存在し，ヒトの感覚からいえば途方もない極限環境に生息するものや，生物が地上に誕生して以来，遭遇したことのない複雑な人工の有機化合物を分解，代謝する能力を獲得したり，ときにはそれらの化合物を唯一の炭素源として利用するものもある．このような特殊機能を有する微生物を単離することができたとき，それを特定の排水や廃棄物の処理に役立てる，すなわち環境浄化へ利用しようとする研究も多い．自然界が有する環境の浄化作用，つまり自浄作用をさらに一歩進めようというわけである．

ここでは有機リン系の化合物，防汚目的で使用されてきた有機スズ化合物などの人工の有機化合物，またカビ臭物質やエストロゲン類などの天然有機化合物などを取り上げて，水中の細菌による分解の様相や代謝産物，分解菌の単離，さらに細菌から抽出した酵素による分解について述べる．

* 神戸女学院大学人間科学部環境・バイオサイエンス学科

§1．有機リン酸トリエステル類（TBP，TCP）

PCBやDDTなどの有機塩素化合物は残留性や生物への蓄積性のゆえに使用が禁止または規制されてきた．これらに代わって現在，用途が多岐にわたり使用量が多いのは有機リン系農薬や有機リン酸トリエステル類（Organophosphoric acid triesters：OPEs）であり，後者は主として難燃性可塑剤に用いられている．OPEsの中には有機リン系の殺虫剤よりも魚毒性が強いものもあり，河川水中で常時検出されるものも少なくない．大阪市内の河川，淀川河口や大阪港外で採取した河川水，海水および底泥中の細菌によりリン酸トリブチル（TBP），リン酸トリスブトキシエチル（TBXP），リン酸トリスエチルヘキシル（TEHP），リン酸トリフェニル（TPP），リン酸トリクレジル（TCP）は分解されるが，リン酸トリスジクロロプロピル（TDCPP）やリン酸トリスクロロエチル（TCEP）などの塩素を含むOPEsは全く分解されないことが明らかにされており，また，分解はいずれの試水においてもTPPやTCPなどのアリール系トリエステルが速かであることもわかっている[1]．

大阪市内河川の古川（徳栄橋）で採取した河川水にTBPなど5種のOPEsを加えて2ヶ月間馴養しているうちにTBPを迅速に分解する細菌を単離することができた[2]（便宜的にNo.4株と称す）．図10･1は無機塩培地中のTBPの初期濃度を2 μg / m*l*に設定し，No.4株の植菌濃度を変えて0～43時間培養したときの分解の様相を示したものである．10^6 CFU/ m*l*では2時間後にTBP濃度がはじめの45 %にまで減少し，4時間で30 %，19時間で3 %，43時間後には培地中から完全に消失した．このNo.4株は*Pseudomonas*属の細菌で，市販の乾燥ブイヨン培地中でよ

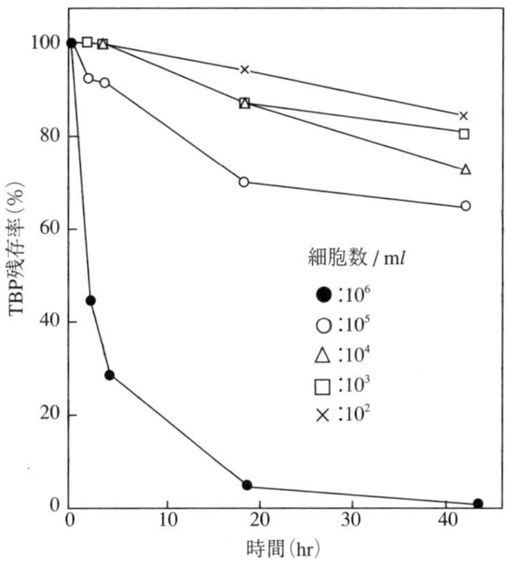

図10･1　TBPの分解と細菌密度との関係

く生育した．No.4株を破砕して粗酵素液を調製し，TBP分解酵素の基本的性質を調べたところ，最適作用pHは8.0，最適作用温度は40℃付近であった．基質特異性についてみると，TBPと同じようにアルキル基を有するTEHPに対しては顕著な分解が認められたが，TBXPや含ハロゲンリン酸エステルやアリール系エステルに対しての分解能はまったく見られなかった．TBP分解酵素は105,000×g，120分間の遠心上清，すなわちS-100と呼ばれる可溶性画分に分布していることも明らかとなった．この画分を標準緩衝液で一夜透析すると，活性は完全に消失するが，NADPHを添加すると活性が完全に回復することから，本酵素はNADPH依存性である．

アリール系のリン酸エステルには図10･2に示した2種がよく用いられており，このうちTCPの生産量が特に多く，農業用のビニールシートや電子，電気製品の難燃加工に用いられている．また，TPPやTCPは河川水中の細菌により分解されやすいことは先に述べたとおりであるが，TCPは遅延性の神経毒性を示すことが1930年代から知られている[3]．筆者らは兵庫県武庫川の上流（三田市）で採取した河川水にTCPを約1％の濃度となるように加えて2ヶ月間馴養しているうちに，TCPを強力に，かつ迅速に分解する*Pseudomonas*属の細菌（便宜的にNo.84株と称す）を単離することができた[4]．無機塩培地中のTCP濃度が53 μg / *ml*，菌濃度が2.0×10^7CFU / *ml*のとき1時間で80％が分解され，20時間後には培地中から完全に消失した．No.84株はTCPを炭素源として利用し増殖すること，TCP以外のアリール系リン酸エステルも分解できること，菌体から調製した粗酵素の最適作用温度は55℃付近にあることなどが明らかとなった．

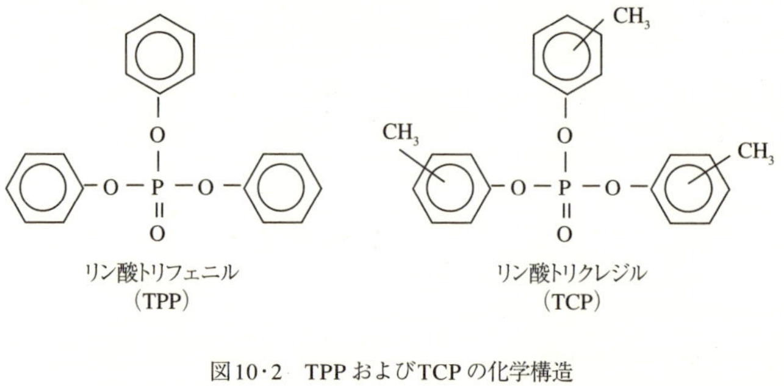

図10･2　TPPおよびTCPの化学構造

人工の有機化合物の微生物分解について調べる際に親化合物の分解性，代謝・分解産物の同定，親化合物と代謝産物の毒性などを明らかにしておくことは重要である．図10·3はNo.84株による*p*-TCPの分解と代謝産物を示したものである．TCPの分解に応じて代謝産物の*p*-クレゾールの生成が見られ，このクレゾールも続いて分解され，24時間後には培養液中から消失した．また，無機のリン（PO_4-P）の生成は培養5時間後には平衡状態に達した[4]．

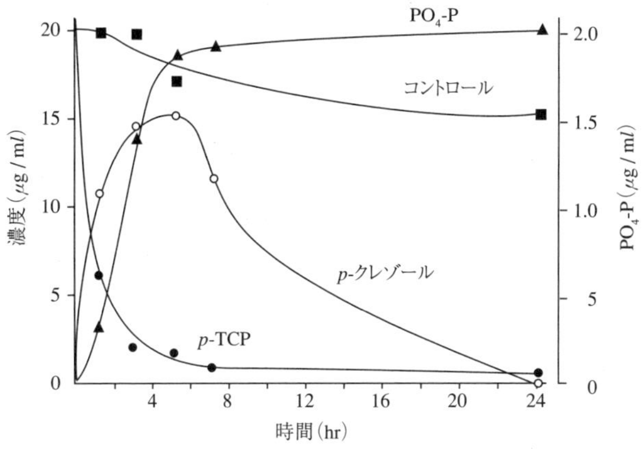

図10·3　No.84株による*p*-TCPの分解と代謝産物
コントロール：5分間の煮沸を施した菌液

TCPが神経毒性を示すことは先に述べたが，これは，コリンエステラーゼ活性の阻害によると考えられる．またHeLa細胞（子宮頚部ガン由来の株細胞）やいくつかの培養細胞用いて増殖阻害を指標に細胞毒性を見るとTCPやTPPなどのアリール系リン酸エステルの毒性が有機リン系の殺虫剤よりも強いことがわかる（図10·4）[4]．培養細胞という*in vitro*の系において得られた結果を直ちに全動物に適用することはできないにしても，1つの評価手段としては有効である．先に述べた河川水中から単離したTCP分解菌から調製した粗酵素液を濾過滅菌した後，HeLa細胞の培養液に少量加え，TCPの細胞毒性が緩和されるか否かを調べた．図10·5に示したように，酵素液無添加の場合は，40 μg / *ml*のTCP濃度で細胞は完全に死滅したが，酵素を添加すると60 μg / *ml*のTCP濃度でも増殖は阻害されず，80 μg / *ml*の高濃度のとき対照に比べて

20％の増殖阻害が観察された[4]．このことからNo.84株の有するTCP分解能はTCPの強い毒性を無毒化する，あるいは軽減することが明らかとなった．このように，培養細胞を用いることにより汚染物質の毒性をスクリーニングすることが可能であるだけでなく，汚染物質の分解菌が当該物質をトータルに無毒化しているかどうかを評価する際にも有効である．

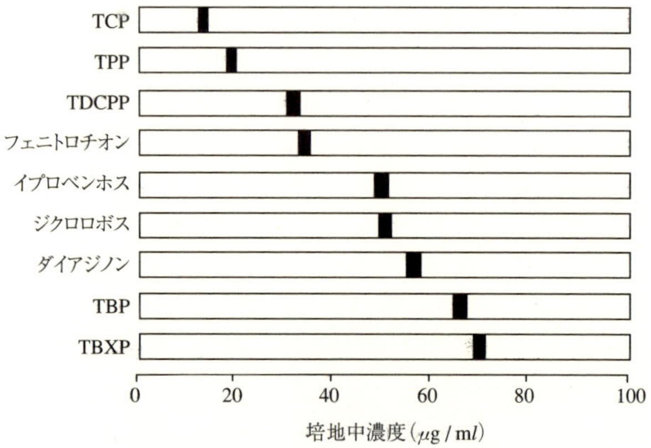

図10･4　数種の有機リン化合物がHeLa細胞の増殖に及ぼす影響
図中の黒いバンドは50％細胞増殖阻害濃度

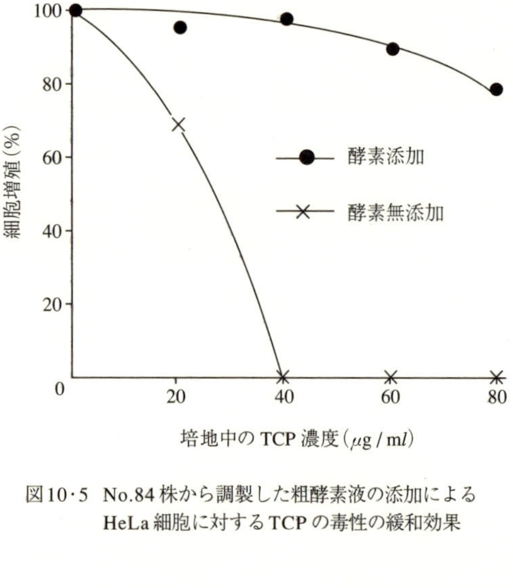

図10･5　No.84株から調製した粗酵素液の添加による
HeLa細胞に対するTCPの毒性の緩和効果

§2．有機リン系殺虫剤（フェニトロチオン）

河川や湖沼および沿岸域において，農薬や工業薬剤などの化学物質による汚染状況を調査する際，適当と思われる場所と時期を選定して実施されるのが一般的であり，これまでに膨大な知見が得られている．しかし，このような調査では，汚染源や排出源を特定しているわけではないので，化学物質の負荷の状況と水環境中の濃度分布との関係を詳細に解析することが難しい．筆者らは西宮市環境衛生課との共同研究により，ユスリカ防除の目的で水路に散布された有機リン系殺虫剤のフェニトロチオン（スミチオン）が散布後どのように減衰していくかを追跡し，また水中の細菌によりどのように分解されるかを培養実験により明らかにした．フェニトロチオンは1960年ごろから農業用のみならず衛生害虫の駆除に使用されてきた殺虫剤である．現在もなお，2004年における生産量は800 t / 年というように比較的多用されている殺虫剤である．西宮市内の水路に散布された本薬剤は散布終了後，下流に向うに従い当然のことながら，濃度は低下し，水中濃度のピークもブロードになる．散布現場で採取した試水を実験室に持ち帰り，フラスコに分注して水中細菌による分解の経時変化

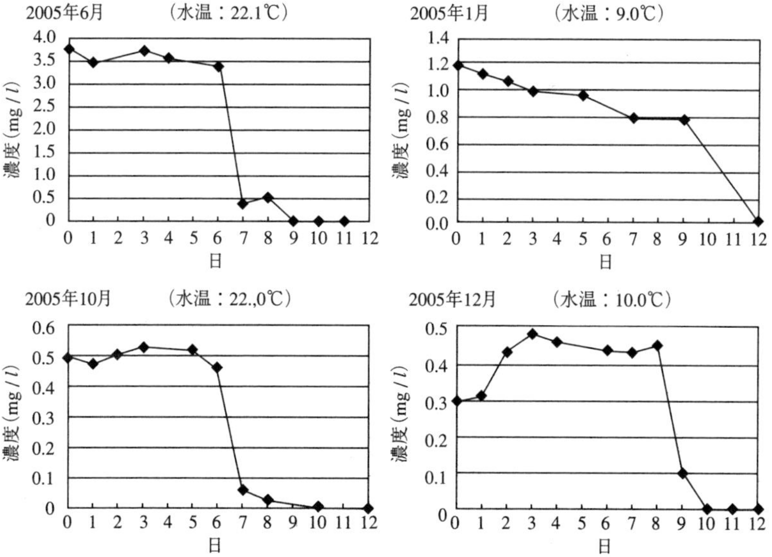

図10·6　水中の細菌によるフェニトロチオンの分解

を調べたところ，夏季には1週間で，また冬季には約10日で完全に分解された（図10･6）*．フェニトロチオンの分解が認められた培養液から少量の試水を1/10普通寒天培地に加え，生成したコロニーについて，フェニトロチオンの分解菌を探索した結果，数株の分解菌を取得できた．いずれも*Sphingomonas*属の細菌であった．さらに分解菌から調製した酵素液を用いていくつかの性質を調べ，分解産物の同定を行ったところ，3-methyl-4-nitrophenolであることがわかった．ユスリカなどの衛生害虫の防除に使用される薬剤は耐性を考慮して年々変更されることが一般的である．現在は，他の有機リン剤や変態抑制剤の散布と水中での挙動について調査中である．

§3．有機スズ化合物

防汚目的で船底塗料に用いられてきたトリブチルスズ（TBT）などの有機スズ化合物は海産巻貝にインポセックスを引き起こすことでよく知られている[5]．

水中や底泥中の細菌による有機スズ化合物の分解については，1980年代以降にかなり多くの報告がなされている[6－9]．筆者らも淀川河口のヨットハーバーにおいて採取した海水にTBTを10 μg / lとなるように添加して60日間，30℃で培養したところ，図10･7に示したように，培養9日目ごろから分解は顕著となり，以後は60日までゆっくりと分解されることがわかった[10]．また，TBTの分解に応じてDBT（ジブチルスズ）とMBT（モノブチルスズ）が生成することも明らかとなった．TBTやDBTなどのブチルスズ化合物については微生物分解に関する知見が多いが，TBTと同様に防汚剤として用いられてきたフェニルスズ化合物ではそのような報告が見当らない．TPT（トリフェニルスズ）についても同様の実験を行った結果，ブチルスズ化合物に比してTPTの分解は緩やかであり，60日間の培養後も初め（8 μg Sn / l）の約20％の分解にとどまり半減期も求められなかった[10]．また分解産物であるDPTやMPTの生成もさほど顕著ではなかった．

どのような細菌がTBTを分解するのかを詳細に調べるためには分解菌の単

---

* 黒川優子・金森文恵・小林由佳・西野奈々・筒井絵理・藪脇和美・米光美保・松岡須美子・小田勝治・川合真一郎：ユスリカ防除を目的とした有機リン殺虫剤の散布と河川水中の濃度変化および水中細菌による分解，平成18年度日本水産学会大会講演要旨集，162（2006）．

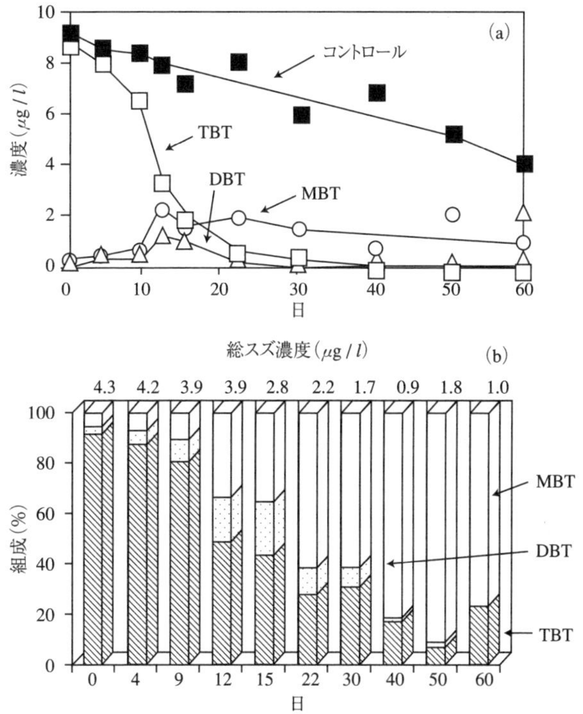

図10･7　河口域の水中細菌によるTBTの分解
(a) 培養期間中のTBT濃度の変化
(b) 培養期間中のブチルスズ化合物の組成（%）
コントロール：オートクレーブ滅菌した試水

離が必須であるが，これまでのところ報告がなかった．筆者らも，上述の混合培養系での分解性実験の中で分解菌の単離を試みたが，ことごとく不成功に終わった．ところが，実験室に保存していたTBP（リン酸トリブチル）分解菌(No.4 株) をTBTの分解性試験に供したところ，分解することがわかった[11, 12]．図10･8に示したように，滅菌海水に塩化トリブチルスズを3.5，18.5および36 μg Sn / lとなるように添加し，市販の乾燥ブイヨン培地（ニッスイ）を通常の使用量の100分の1の濃度で加え，30 ℃で培養した．植菌濃度は7.9×10^7CFU / mlであり，100 ℃で10分間の加熱処理を施した菌体を対照とした．培養4時間後にはいずれの濃度添加区においてもTBTの分解が顕著に認められ

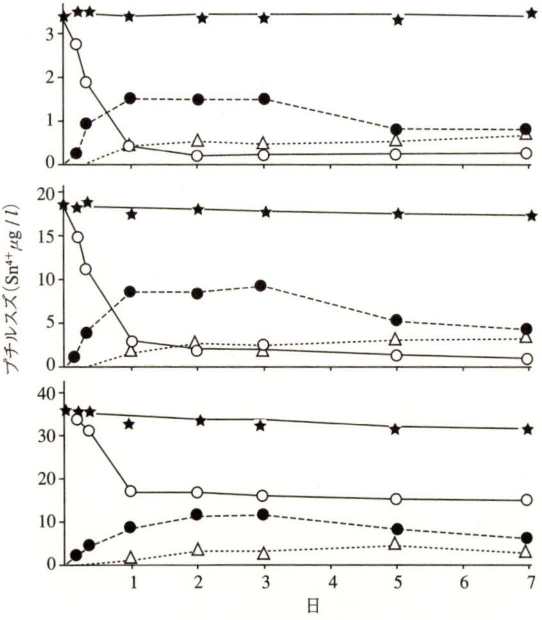

図10･8　No.4 株によるTBTの迅速な分解
○：TBT，●：DBT，△：MBT，
★：コントロール（5 分間の煮沸を施した菌液）

た．また，TBTの分解産物であるDBTの生成も同時に観察され，やや遅れてMBTが生成した．このNo.4 株は培地中のTBTを炭素源として利用することはできず，逆に，20 μg Sn / l 以上の高濃度では生育が阻害された．

沿岸域の海水中の有機スズ化合物濃度は年々低下しつつあるが，海域の底泥中の有機スズ化合物濃度に関しては顕著な低下傾向が見られないといわれている[13, 14]．有機スズが底泥と強固に結合していることが報告されており，生物学的半減期も数ヶ月以上といわれている．したがって，底泥中の細菌による分解については今後の重要な検討課題であろう．

§4．カビ臭物質（ジオスミン，2-MIB）

1970～1990 年代における上水関連の課題の 1 つは水道水のカビ臭物質問題であった．カビ臭の原因物質はジオスミンや2-メチルイソボルネオール（2-

MIB）などで，これらは琵琶湖や霞ヶ浦など飲料水源の湖沼のラン藻や放線菌により生産され，水道の原水に着臭する．カビ臭が直ちに健康障害をもたらすことはないが，飲用や調理などの際に不快感をもたらし，その対応として，浄水場では粉末の活性炭が投入されることになる．また，浄水場の高度処理システムの1つに生物活性炭処理が採用されている．これは活性炭を充填したカラム（塔）に通水する，すなわち活性炭処理によりカビ臭物質やトリハロメタン生成に関与する有機物の除去を目的としている．活性炭は有機物の吸着力に優れているが，通常は活性炭表面における吸着能には限界があり，長期間，連続使用することはできない．しかし，浄水場では1年以上にわたる長期間の使用も可能であることが知られている．これは活性炭の吸着部位に細菌も生息し，細菌がカビ臭物質を含めた有機物を分解し，活性炭を自然に活性化しているためと考えられており，生物活性炭と呼ばれている．自然の水系にはカビ臭物質を分解する細菌が存在していることは容易に推察され，混合培養系でのカビ臭物質の分解に関する報告がなされている．しかし，カビ臭物質分解菌を単離したという報告は見当たらない．筆者らは兵庫県の武庫川の上流の河川水からジオスミンおよび2-MIBを分解する細菌を単離することができた*．図10·9にはジオスミンや2-MIBの化学構造を示した．これらはテルペン化合物で，自

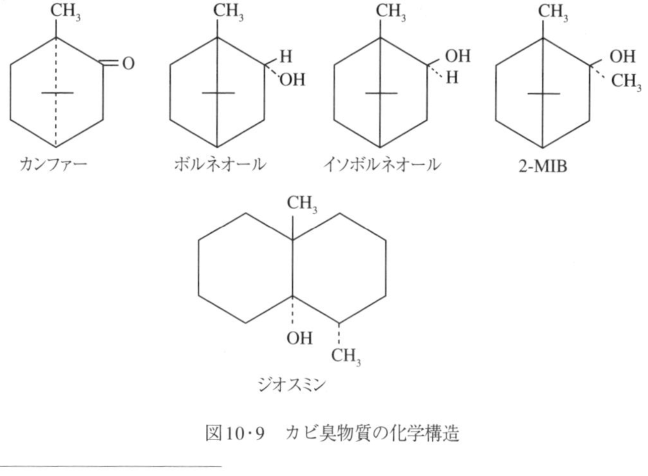

図10·9　カビ臭物質の化学構造

* S. Kawai : Fifth International Symposium on Off-Flavors in the Aquatic Environment Sponsored by International Association on Water Quality（IAWQ），Extended Abstracts, 36-37（1997）.

然界には類似の構造を有するものは少なくない．図10･10は武庫川上流で採取した河川水中にジオスミンや2-MIBを添加して28℃で培養したときの各カビ臭物質の分解の様相を示したものである．2-MIBは11日目で完全に分解し，また，ジオスミンは7日目から分解が急激に進行するが，その後は平衡状態で

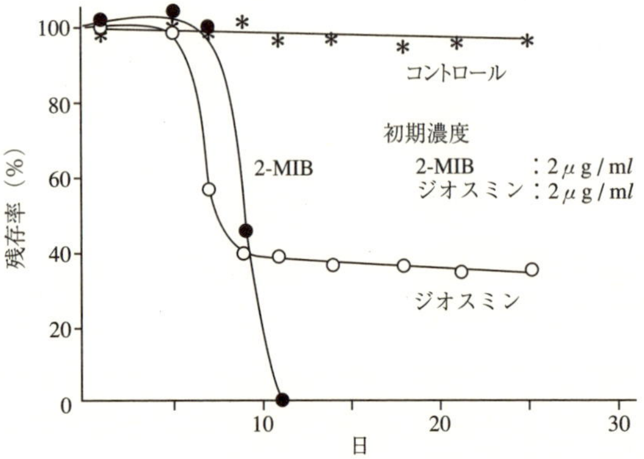

図10･10　武庫川の水中細菌によるジオスミンおよび2-MIBの分解
コントロール：5分間の煮沸を施した菌液

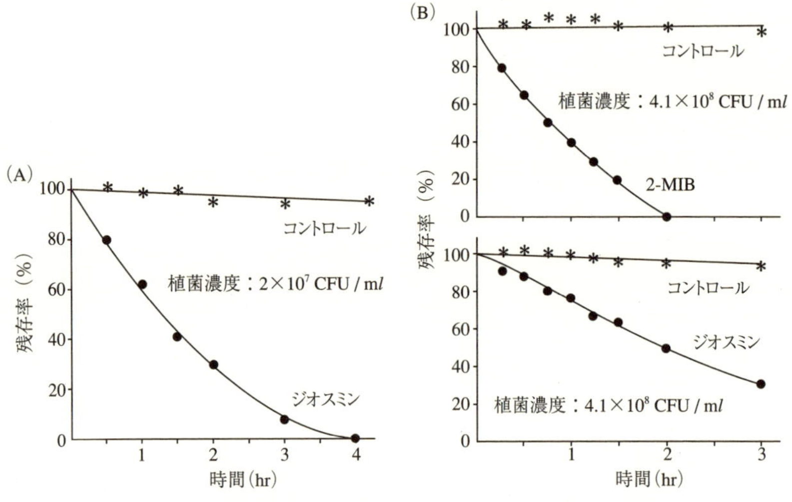

図10･11　No.23株によるジオスミンの分解とYAG-210株による2-MIBおよびジオスミンの分解
ジオスミンおよび2-MIBの初期濃度：100 μg / l
コントロール：5分間の煮沸を施した菌液

あった．琵琶湖・淀川水系や大和川で採取した試水でも同様の傾向が見られた．すなわち，通常の河川水中にはカビ臭物質を分解する細菌が普遍的に分布していることが明らかとなった．次に，どのような細菌が分解に関与しているかを明らかにするために，分解菌の探索を行った．図10･10で示した実験においてカビ臭物質の分解が明らかに認められた培養液の一部を採取して無機塩培地に新たにジオスミンまたはイソボルネオールを加え，さらに培養を続けているうちに，ジオスミン（No.23株，図10･11A）および2-MIB（YAG-210株，図10･11B）を分解する細菌をそれぞれ単離することができた．YAG-210株（*Pseudomonas* sp.）は計約500株について調べた中で唯一，分解性を示した株であり，この労多く，忍耐強い作業に取り組んだ3人の学生諸君の名前のイニシャルをとって名づけた．このYAG-210株は図10･11に示したように2-MIBのみならずジオスミンも分解することが明らかであった．さらに，この株

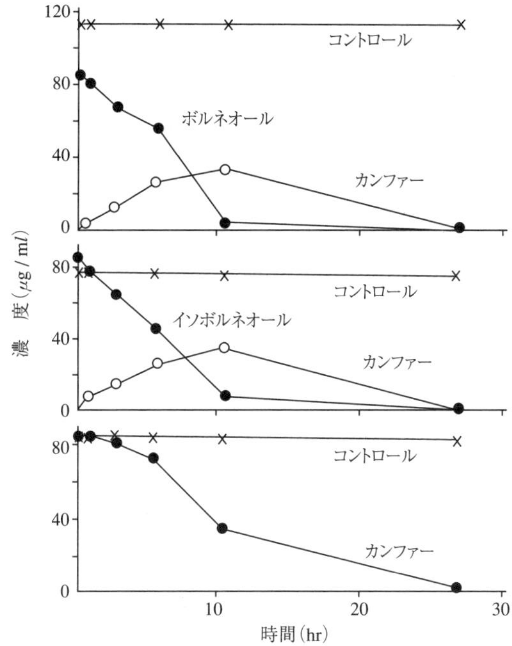

図10･12　YAG-210株によるボルネオール，イソボルネオールおよびカンファーの分解
コントロール：5分間の煮沸を施した菌液

は2-MIBよりも類縁化合物であるボルネオールおよびイソボルネオールを迅速に分解し，カンファーを生成するが，このカンファーもまた速やかに分解されることが顕著に認められた（図10･12）．YAG-210株の菌体を音波処理により破砕して，粗酵素液を調製し，イソボルネオール，ボルネオールおよび2-MIBを基質したときの分解性を調べた結果，反応液にNADHを添加すると活性が最も高く，本酵素が酸化還元酵素の一種であることがわかった（表10･1）．また，数種のテルペノイド化合物に対する分解性についても検討したところ，顕著なリナルール分解活性のほか，S-リモネン，α-ピネン，1, 8-シネオールなどの分解も認められた．水中の細菌がこのようなテルペノイド化合物を分解することの意義は不明であるが，臭気物質が下等動物における化学信号に用いられていることへの関与なども考えられる．

表10･1　YAG-210株から調製した粗酵素液*によるイソボルネオール，ボルネオールおよび2-MIBの分解

	分解量（μg / 30 min）		
	＋NADPH	＋NADH	補酵素無添加
イソボルネオール	13.7	46.7	1.3
ボルネオール	10.5	69.4	2.1
2-MIB	0.9	1.6	0.2

反応：pH7.5，37℃，30 min
*　粗酵素液1 m*l* はYAG-210株の4 × 10^{10}cellsに相当．

§5. エストロゲン類（エストロン，エストラジオール，エチニルエストラジオール）

1990年代に入り，世界中で内分泌攪乱物資（環境ホルモン）問題が注目を浴び，ヒトだけでなく野生生物の繁殖に影響する化学物質について多くの報告がなされてきた．わが国でも1997年ごろから，連日のようにマスコミがこの問題を取り上げ，環境ホルモン学会の設立を含め，省庁レベルでもいろいろな委員会が立ち上がり，国際シンポジウムも数多く開催された．しかし，2003年ごろから，この問題も沈静化し，マスコミでの報道も極端に少なくなった．環境ホルモン問題とは何であったのか，といわれる昨今である．内分泌攪乱作用が疑われる物質のリストも作成されたが，現実的に問題となるのはわずかであ

り，その代表が有機スズ化合物による海産巻貝のインポセックス現象である[5)]．因果関係までほぼ明らかにされている例は非常に少ない．もう１つの例としては天然および合成のエストロゲンによるオスの魚類への影響で，その指標として，血中のビテロゲニン（卵黄タンパク前駆体：VTG）濃度の上昇や精巣卵が報告されている[15, 16)]．オスの魚類でVTGが合成されることについてはわが国のみならず諸外国でも多くの報告がなされている．ただし，血中のVTG濃度の上昇が直ちにオスの生殖生理に重大な影響をおよぼしているかどうかは明らかでない．一方，下水処理場の放流口付近においてエストロゲン濃度が高いことや，そこに生息している魚類のオスの血中VTG濃度が高いことはよく知られており，天然および一部は経口避妊薬の成分である合成エストロゲンがオスのVTG合成に直接かかわっていることは明らかである．下水処理場に流入する生下水は高濃度の天然エストロゲンを含むことは周知のことであるが，天然のエストロゲンが河川水中の細菌により分解されることも知られており，筆者らも兵庫県武庫川で採取した試水を用いて確認している[17)]．図10･13は兵庫県武庫川の水中細菌による17β-エストラジオール(E2)およびエストロン(E1)の分解を組替え酵母を用いる*in vitro*アッセイ（YESアッセイ）により測定した結果である．E2，E1いずれも夏季，冬季を問わず，5日間で分解されることが明らかであった．しかし，エストロゲン類は通常の運転状態では下水処理場の各種処理過程で完全に除去されずに環境中に放流されている．兵庫県南東部の下水処理場では通常の最終処理水をさらに礫間接触池および植生酸化池に導くプラントを設けて放流水中の有機物の処理効果を高めようとしている．筆者らは現場で採取した礫間接触処理水ではエストロン（E1）や17β-エストラジオール（E2）などの天然エストロゲン濃度が低いことを確かめており，これが礫表面の生物膜中に生息する細菌の働きによるものであることは容易に推察できる．現場で採取した礫を実験室に持ち帰り，ガラス水槽内に入れ，E1およびE2を添加してそれぞれの分解の様相を調べたところ，E1やE2は一般に40～60時間で分解されるが，合成エストロゲンのエチニルエストラジオールの分解には200時間以上を要することが明らかとなった．武庫川で採取した礫を用いて同様の実験を行なったところ，類似の分解パターンが認められたが，E1の分解が礫間接触地で採取した礫におけるよりも緩慢であった．E2からE1

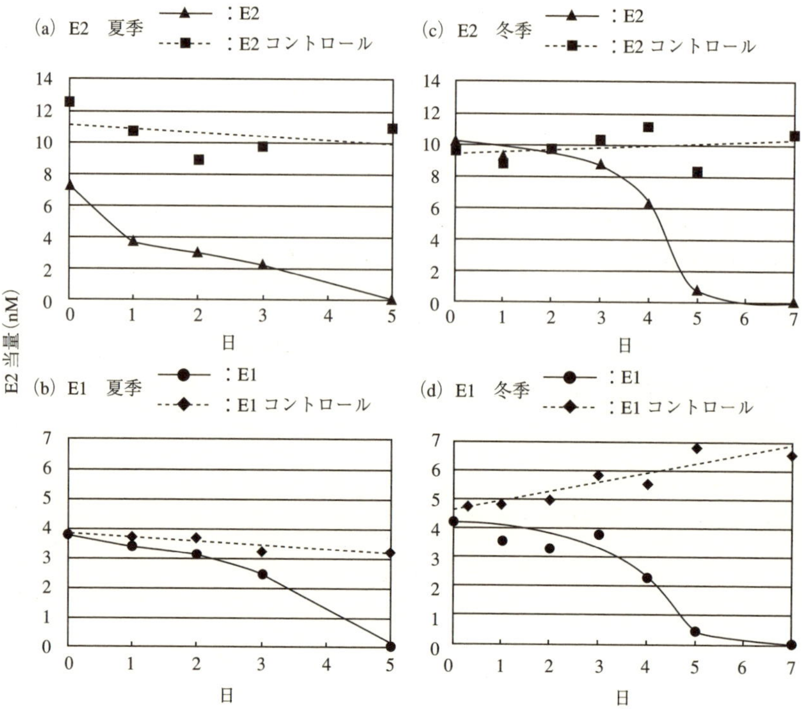

図10・13 武庫川の水中細菌による17 β- エストラジオール（E2）およびエストロン（E1）の分解
コントロール：オートクレーブ滅菌した河川水

への変換はいずれの場合も迅速であるが，E1 の代謝・分解が緩やかであることは生物膜中の細菌相が異なるためと考えられる．以上の結果から，下水処理場において礫間接触法を取り入れることはエストロゲン類の除去の面から見ても非常に有効であると結論付けることができる．

§6. 今後の課題

冒頭に述べたように，人工および天然の化学物質が水中の細菌によりどのように分解されるかを調べることは当該化学物質の環境中での運命を把握する上で非常に重要であるが，以下のことがらに留意しながら実施すべきである．

1）化学物質の微生物分解性を評価する際に，通常は活性汚泥を用いて実施されることが多い．活性汚泥は微生物の塊のようなものであることや活性汚泥への化学物質の吸着などを考えると，河川や沿岸域の水中細菌による分解とは相当な隔たりがあると思われる．したがって，自然界での化学物質の挙動を予測するときは環境水中や底泥中の細菌による分解を調べておくことが必要である．

2）分解の様相を追跡する際には，親化合物の消失のみならず，代謝産物の同定も必須である．

3）化学物質が微生物により代謝されるに伴い，毒性がどのように変化するかを培養細胞を用いる方法など，*in vitro* の方法で評価することも大切である．

文　献

1）川合真一郎・黒川優子・濱崎須雅子・加藤典子・宮川治子・中濱由紀子・竹中裕子：河川および港湾域の水中と底泥中の細菌による有機リン化合物の分解，環境技術，23，86-91（1994）．

2）川合真一郎・福島　実・北野雅昭・西尾孝之・森下日出旗：河川水中の細菌による有機リン酸トリエステル類の分解（第2報）－TBP分解菌および分解酵素の諸性質－，大阪市立環科研報告，第49集，160-166（1987）．

3）M. I. Smith and R. D. Lillie : The histopathology of triorthocresyl phosphate poisoning, *Arch. Neurol. Psychiat*, 26, 976-992（1931）．

4）川合真一郎：有機リン酸トリエステルの水中細菌による分解と毒性，水環境学会誌，19，700-707（1996）．

5）堀口敏宏：5. 貝類，水産環境における内分泌撹乱物質（川合真一郎・小山次朗編），恒星社厚生閣，54-72（2000）．

6）D. Barug : Microbial degradation of bis (tributyltin) oxide, *Chemosphere*, 10, 1145-1154（1981）．

7）R. J. Maguire and R. J. Tkacz: Degradation of the tri-n-butyltin species in water and sediment from Tronto Harbor, *J. Agric. Food. Chem.*, 33, 947-953（1985）．

8）P. F. Seligman, A. O. Valkirs, and R. F. Lee：Degradation of tributyltin in San Diego, California, waters, *Environ. Sci. Technol.*, 20, 1229-1235（1986）．

9）P. F. Seligman, A. O. Valkirs, P. M. Stang, and R. F. Lee: Evidence for rapid degradation of tributyltin in a marina, *Mar. Poll. Bull.*, 19, 531-534（1988）．

10）H. Harino, M. Fukushima, Y. Kurokawa, and S. Kawai : Susceptibility of bacterial populations to organotin compounds and microbial degradation of organotin compounds in environmental water, *Environmental Pollution*, 98, 157-162（1997）．

11）S. Kawai, Y. Kurokawa, H. Harino, and M. Fukushima: Degradation of tributyltin by a bacterial strain isolated from polluted river water, *Environmental Pollution*, 102, 259-263（1998）．

12）川合真一郎・黒川優子・張野宏也：有機スズを分解する細菌，化学と生物，37，11-13（1999）．

13）H. Harino, M. Fukushima, Y. Yamamoto,

S. Kawai, and N. Miyazaki: Oraganotin compounds in water, sediment and biological samples from the Port of Osaka, Japan, *Arch. Environ. Contam. Toxicol.*, **35**, 558-564 (1998).

14) H. Harino, M. Fukushima, and S. Kawai: Temporal trends of organotin compounds in the aquatic environment of the Port of Osaka, Japan, *Environmental Pollution*, **105**, 1-7 (1999).

15) J. E. Harries, D. A. Sheahan, S. Jobling. P. Matthiessen, P. Neall. E. Routledge, R. Rycroft, J. P. Sumpter, and T. Tylor : A survey of estrogenic activity in United Kingdom inland waters, *Environ. Toxicol. Chem.*, **15**, 1993-2002 (1996).

16) J. E. Harries, D. A. Sheahan, S. Jobling, P. Matthiessen, P. Neall, P. Sumpter, T. Tylor, and N. Zaman : Oestrogenic activity in five United Kingdom rivers detected by measurement of vitellgenesis in caged male trout, *Environ. Toxicol. Chem.*, **16**, 534-542 (1997).

17) S. Matsuoka, M. Kikuchi, A. Kimura, Y. Kurokawa, and S. Kawai: Determination of estrogenic substances in the water of Muko River using *in vitro* assays, and the degradation of natural estrogens by aquatic bacteria, *J. Health Sci.*, **51**, 178-184 (2005).

索　引

本書の基礎になったシンポジウム

平成19年度日本水産学会春季大会シンポジウム
「微生物制御の最前線：食の安全から環境保全まで」
企画責任者　藤井建夫（海洋大）・杉田治男（日大生物資源）
　　　　　　左子芳彦（京大院農）・吉水　守（北大院水産）

開会の挨拶		藤井建夫（海洋大）
Ⅰ．食品分野における最近の流れ	座長	左子芳彦（京大院農）
1．食品微生物とその制御の考え方		藤井建夫（海洋大）
2．水産食品における微生物の利用		山崎浩司（北大院水産）
3．食品微生物への遺伝子手法の応用		木村　凡（海洋大）
Ⅱ．増養殖分野における最近の流れ	座長	青木　宙（海洋大）
4．魚病原因微生物とその防除の考え方		川合研児（高知大農）
5．プロバイオティクスの魚介類への応用		杉田治男（日大生物資源）
6．微生物による魚病原因ウィルスの制御		吉水　守（北大院水産）
7．海藻のマリンサイレージとしての有効利用		内田基晴（水研セ瀬戸内水研）
Ⅲ．水産環境分野における最近の流れ	座長	杉田治男（日大生物資源）
8．環境微生物による地球温暖化への挑戦		左子芳彦（京大院農）
9．微生物による赤潮防除		今井一郎（京大院農）
10．微生物による有害物質の分解		川合真一郎（神戸女学院大）
質疑		
Ⅳ．総合討論	座長	藤井建夫（海洋大）
		杉田治男（日大生物資源）
		左子芳彦（京大院農）
		吉水　守（北大院水産）
閉会の挨拶		杉田治男（日大生物資源）

水産学シリーズ〔155〕　定価はカバーに表示

微生物の利用と制御－食の安全から環境保全まで

Utilization and Prevention of Microorganisms
in Fisheries Sciences

平成 19 年 9 月 25 日発行

編　者　藤　井　建　夫
杉　田　治　男
左　子　芳　彦

監　修　社団法人 日本水産学会
〒108-8477　東京都港区港南　4-5-7
東京海洋大学内

発行所　〒160-0008
東京都新宿区三栄町 8
Tel 03 (3359) 7371
Fax 03 (3359) 7375
株式会社 **恒星社厚生閣**

印刷・製本　シナノ